tHE aRt OF meNtaL CalcuLation

Copyright © 2014 by Arthur Benjamin and Natalya St. Clair

All rights reserved.
Published in the United States by Createspace.com, a DBA of On-Demand Publishing, LLC.
www.createspace.com

Benjamin, Arthur and St. Clair, Natalya.
 The art of mental calculation : addition and subtraction / Arthur Benjamin and Natalya St. Clair.—1st ed

 vii, 60 p., | c27.94 cm.

Includes bibliographical references.

1. Mental arithmetic—Study and teaching.   2. Magic tricks in mathematics education.   3. Mental calculators.

ISBN-13: 978-1495219962
ISBN-10: 1495219968

Printed in the United States of America

Cover Design by Natalya St. Clair
Illustrated by Natalya St. Clair
Author photographs: Harvey Mudd College [BENJAMIN],
Larry Kanfer [ST. CLAIR]

10 9 8 7 6 5 4 3 2 1

First Edition

The Art of Mental Calculation
Addition and Subtraction

Arthur T. Benjamin
Natalya M. St. Clair

PaRt One:

Mental Addition

In this chapter you will learn how to add numbers from left to right. At first this might seem strange, but with practice you will see that doing mental math from left to right is actually *easier* than the right-to-left method with pencil and paper.

Instant Problems
Quick! What's 800 plus 23?

Lesson 1

On paper, you might try it like this:

But we can do this much faster in our head! Listen to the numbers and say them from left to right.

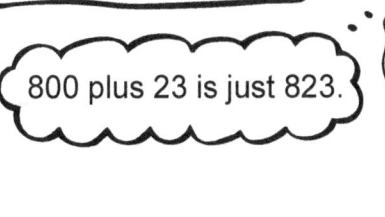

= 823

THAT'S MUCH EASIER!!

without writing it down...
TRY THESE INSTANT PROBLEMS
1. 60 + 8
2. 90 plus 7
3. 700 plus 29
4. 200 + 16
5. 3 hundred plus 47
6. 500 + 46
7. 800 plus 7
8. 1000 plus 234
9. 2300 + 58
10. 4 thousand plus 193

We call these instant problems because you can get the answer instantly by just saying the numbers as you hear them!

Copyright © 2014 by Arthur Benjamin and Natalya St. Clair

Lesson 1
Mental Stretches A

Instant Problems — The Art of Mental Calculation

As fast as you can, write the answer to each problem in the blank provided. Use a pencil only to write in the answer.

1. 80 + 9 = _____
2. 40 plus 8 = _____
3. 30 plus 3 = _____
4. 1 hundred plus 71 = _____
5. 600 + 17 = _____
6. 10 plus 5 = _____
7. 7 hundred plus 11 = _____
8. 1,000 + 234 = _____
9. 400 plus 52 = _____
10. 8 thousand plus 876 = _____
11. 500 + 8 = _____
12. 1,200 plus 83 = _____
13. 5 thousand 660 plus 4 = _____
14. 9 hundred 80 plus 8 = _____
15. 1,200 plus 83 = _____
16. 4,000 + 39 = _____
17. 8 thousand plus 6 = _____
18. 3,400 plus 7 = _____
19. 2 thousand 50 plus 6 = _____
20. 6,000 + 99 = _____

Copyright © 2014 by Arthur Benjamin and Natalya St. Clair

Lesson 1
Mental Stretches B

Instant Problems — The Art of Mental Calculation

As fast as you can, write the answer to each problem in the blank provided. Use a pencil only to write in the answer.

1. 60 + 8 = _____
2. 40 plus 4 = _____
3. 70 + 9 = _____
4. 30 + 2 = _____
5. 200 + 97 = _____
6. 500 plus 42 = _____
7. 3 hundred plus 65 = _____
8. 7,000 plus 531 = _____
9. 430 + 8 = _____
10. 900 + 54 = _____
11. 2,400 plus 83 = _____
12. 6 hundred plus 12 = _____
13. 390 + 4 = _____
14. 5,530 + 1 = _____
15. 710 plus 5 = _____
16. 1 hundred 90 plus 9 = _____
17. 380 + 8 = _____
18. 6 thousand plus 1 = _____
19. 4 thousand 900 plus 3 = _____
20. 8,000 + 34 = _____

Copyright © 2014 by Arthur Benjamin and Natalya St. Clair

The Addition Table

Lesson 2

To do harder addition problems, we only have to memorize the addition table.

+	0	1	2	3	4	5	6	7	8	9
0	0	1	2	3	4	5	6	7	8	9
1	1	2	3	4	5	6	7	8	9	10
2	2	3	4	5	6	7	8	9	10	11
3	3	4	5	6	7	8	9	10	11	12
4	4	5	6	7	8	9	10	11	12	13
5	5	6	7	8	9	10	11	12	13	14
6	6	7	8	9	10	11	12	13	14	15
7	7	8	9	10	11	12	13	14	15	16
8	8	9	10	11	12	13	14	15	16	17
9	9	10	11	12	13	14	15	16	17	18

This addition table has many neat patterns! Can you spot some of them?

without writing it down...

TRY THESE PROBLEMS

1. 5 + 3
2. 2 + 7
3. 8 + 4
4. 7 + 0
5. 3 + 9
6. 8 + 8
7. 6 + 7
8. 4 + 5
9. 9 + 1
10. 8 + 9

Lesson 2   The Addition Table   The Art of Mental Calculation

Mental Stretches A

As fast as you can, write the answer to each problem in the blank provided. Use a pencil only to write in the answer.

1. 1 + 2 = _____
2. 2 + 5 = _____
3. 4 + 3 = _____
4. 9 + 0 = _____
5. 5 + 1 = _____
6. 4 + 9 = _____
7. 7 + 9 = _____
8. 9 + 2 = _____
9. 3 + 6 = _____
10. 6 + 5 = _____

11. 5 + 7 = _____
12. 8 + 8 = _____
13. 6 + 9 = _____
14. 3 + 8 = _____
15. 4 + 7 = _____
16. 9 + 7 = _____
17. 2 + 3 = _____
18. 7 + 6 = _____
19. 5 + 8 = _____
20. 8 + 6 = _____

Copyright © 2014 by Arthur Benjamin and Natalya St. Clair

Lesson 2   The Addition Table   The Art of Mental Calculation

Mental Stretches B

As fast as you can, write the answer to each problem in the blank provided. Use a pencil only to write in the answer.

1. 1 + 4 = _____
2. 6 + 3 = _____
3. 9 + 1 = _____
4. 0 + 8 = _____
5. 6 + 1 = _____
6. 2 + 4 = _____
7. 4 + 4 = _____
8. 9 + 5 = _____
9. 7 + 7 = _____
10. 6 + 2 = _____

11. 9 + 3 = _____
12. 5 + 2 = _____
13. 4 + 9 = _____
14. 3 + 8 = _____
15. 6 + 7 = _____
16. 8 + 5 = _____
17. 2 + 3 = _____
18. 8 + 4 = _____
19. 5 + 8 = _____
20. 6 + 4 = _____

Copyright © 2014 by Arthur Benjamin and Natalya St. Clair

Larger One-Step Problems   Lesson 3

Now we can do problems that sound much larger but aren't any harder.

Five plus three is eight!
5 + 3 = 8

Fifty plus thirty is eighty!
50 + 30 = 80

5 hundred plus 3 hundred equals 8 hundred!
500 + 300 = 800

5 thousand plus 3 thousand is 8 thousand!
5,000 + 3,000 = 8,000

Seven plus eight is fifteen!
7 + 8 = 15

Seventy plus eighty is one hundred fifty!
70 + 80 = 150

7 hundred plus 8 hundred is 15 hundred!
700 + 800 = 1,500

7 MILLION PLUS 8 MILLION is 15 MILLION!!!!
7,000,000 + 8,000,000
=15,000,000

---

without writing it down...
TRY THESE PROBLEMS

1. 60 + 30
2. 4,000 + 3,000
3. 200 + 400
4. 50 + 90
5. 80 + 20
6. 600 + 500
7. 700 + 700
8. 40,000 + 60,000
9. 50 + 80
10. 30,000 + 90,000

Lesson 3 — Larger One-Step Problems — The Art of Mental Calculation

Mental Stretches A

As fast as you can, write the answer to each problem in the blank provided. Use a pencil only to write in the answer.

1. 200 + 300 = _____
2. 1,000 + 0 = _____
3. 20 + 20 = _____
4. 600 + 100 = _____
5. 100 + 300 = _____
6. 5 + 4 = _____
7. 60 + 90 = _____
8. 20 + 90 = _____
9. 600 + 600 = _____
10. 9 million + 6 million = _____
11. 800 + 900 = _____
12. 30,000 + 70,000 = _____
13. 800 + 800 = _____
14. 90 + 40 = _____
15. 9 + 7 = _____
16. 6,000 + 8,000 = _____
17. 60 + 50 = _____
18. 80 + 90 = _____
19. 700 + 900 = _____
20. 70 + 50 = _____

Copyright © 2014 by Arthur Benjamin and Natalya St. Clair

Lesson 3 — Larger One-Step Problems — The Art of Mental Calculation

Mental Stretches B

As fast as you can, write the answer to each problem in the blank provided. Use a pencil only to write in the answer.

1. 400 + 100 = _____
2. 30 + 30 = _____
3. 70 + 10 = _____
4. 30 + 60 = _____
5. 4 + 7 = _____
6. 2,000 + 6,000 = _____
7. 2 + 1 = _____
8. 90 + 30 = _____
9. 9 million + 2 million = _____
10. 60 + 90 = _____
11. 50 + 50 = _____
12. 800 + 100 = _____
13. 30,000 + 80,000 = _____
14. 900 + 400 = _____
15. 80 + 80 = _____
16. 60 + 80 = _____
17. 700 + 800 = _____
18. 80 + 90 = _____
19. 600 + 400 = _____
20. 5 million + 8 million = _____

Copyright © 2014 by Arthur Benjamin and Natalya St. Clair

One-Step Problems With Passengers

Lesson 4

These next problems are almost as easy as adding 1-digit numbers, but some numbers come along for the ride.

$$60 + 24$$

We know 60 + 20 is 80, but don't forget about the 4 in the back!

$$= 60 + 20 + 4$$

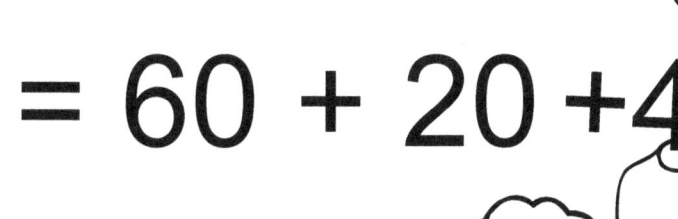

60 + 20 is 80, but am I forgetting something?

$$= 80 + 4$$

I can do 80 + 4 = 84 in an instant!

$$= 84$$

without writing it down...
TRY THESE PROBLEMS

1. 20 + 14
2. 30 + 23
3. 60 + 31
4. 50 + 49
5. 10 + 18
6. 32 + 80
7. 26 + 50
8. 72 + 30
9. 40 + 73
10. 930 + 500

Lesson 4 One-Step Problems With Passengers The Art of Mental Calculation
Mental Stretches A

As fast as you can, write the answer to each problem in the blank provided. Use a pencil only to write in the answer.

1. 30 + 13 = _____ **11.** 52 + 40 = _____

2. 40 + 31 = _____ **12.** 76 + 10 = _____

3. 40 + 19 = _____ **13.** 480 + 300 = _____

4. 79 + 10 = _____ **14.** 32 + 20 = _____

5. 25 + 10 = _____ **15.** 70 + 83 = _____

6. 40 + 67 = _____ **16.** 75 + 60 = _____

7. 30 + 78 = _____ **17.** 70 + 56 = _____

8. 20 + 61 = _____ **18.** 1,741 + 1,000 = _____

9. 20 + 58 = _____ **19.** 500 + 721 = _____

10. 12 + 90 = _____ **20.** 851 + 700 = _____

Copyright © 2014 by Arthur Benjamin and Natalya St. Clair

Lesson 4 One-Step Problems With Passengers The Art of Mental Calculation
Mental Stretches B

As fast as you can, write the answer to each problem in the blank provided. Use a pencil only to write in the answer.

1. 30 + 16 = _____ **11.** 82 + 50 = _____

2. 50 + 21 = _____ **12.** 573 + 100 = _____

3. 20 + 48 = _____ **13.** 471 + 500 = _____

4. 21 + 70 = _____ **14.** 80 + 41 = _____

5. 47 + 50 = _____ **15.** 58 + 70 = _____

6. 30 + 72 = _____ **16.** 30 + 89 = _____

7. 80 + 87 = _____ **17.** 78 + 90 = _____

8. 98 + 30 = _____ **18.** 80 + 93 = _____

9. 45 + 70 = _____ **19.** 846 + 600 = _____

10. 64 + 90 = _____ **20.** 34,168 + 20,000 = _____

Copyright © 2014 by Arthur Benjamin and Natalya St. Clair

Which Problems Have Carries? — Lesson 5

Which of the following problems have carries?

- 84 + 8 → carry!
- 46 + 3
- 25 + 7 → carry!
- 58 + 2 → carry!

If the last digits add to 10 or bigger, then we will have a carry.

---

without writing it down...
AS FAST AS YOU CAN, WHICH PROBLEMS HAVE CARRIES?

1. 54 + 4
2. 33 + 8
3. 16 + 3
4. 52 + 6
5. 45 + 5
6. 21 + 8
7. 66 + 1
8. 78 + 6
9. 20 + 8
10. 89 + 5

Lesson 5   Which Problems Have Carries?   The Art of Mental Calculation

Mental Stretches A

As fast as you can, write a checkmark next to the problems with carries.

1. 12 + 3 ☐
2. 58 + 7 ☐
3. 17 + 1 ☐
4. 13 + 8 ☐
5. 4 + 6 ☐
6. 60 + 31 ☐
7. 45 + 4 ☐
8. 28 + 8 ☐
9. 5 + 10 ☐
10. 4 + 32 ☐

11. 23 + 3 ☐
12. 13 + 30 ☐
13. 54 + 8 ☐
14. 12 + 9 ☐
15. 37 + 56 ☐
16. 170 + 200 ☐
17. 235 + 481 ☐
18. 190 + 210 ☐
19. 77 + 8 ☐
20. 365 + 434 ☐

Copyright © 2014 by Arthur Benjamin and Natalya St. Clair

Lesson 5   Which Problems Have Carries?   The Art of Mental Calculation

Mental Stretches B

As fast as you can, write a checkmark next to the problems with carries.

1. 38 + 1 ☐
2. 21 + 8 ☐
3. 63 + 3 ☐
4. 73 + 4 ☐
5. 33 + 5 ☐
6. 27 + 6 ☐
7. 52 + 9 ☐
8. 45 + 8 ☐
9. 13 + 8 ☐
10. 31 + 7 ☐

11. 7 + 13 ☐
12. 29 + 7 ☐
13. 96 + 5 ☐
14. 121 + 213 ☐
15. 213 + 117 ☐
16. 317 + 126 ☐
17. 515 + 283 ☐
18. 520 + 100 ☐
19. 351 + 8 ☐
20. 530 + 182 ☐

Copyright © 2014 by Arthur Benjamin and Natalya St. Clair

Two-Digit Numbers + One-Digit Numbers — Lesson 6

If the last digits add to nine or less, then say the ten's digit first and add the one's digit.

63 + 5 is 60-something and 3 + 5 = 8 so 68!

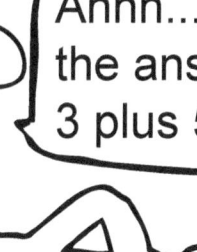

Ahhh...there is no carrying here, so the answer is in the 60's, and since 3 plus 5 is 8, the answer is 68.

When you have to carry, that means you have to increase the ten's digit by one.

27 + 5 is 30-something and 7 + 5 = 12 so 32!

Whoops...here there is carrying in the problem, so the answer is in the 30's instead of the 20's. And since 7 + 5 is 12, the answer ends with 2.
So the answer is 32.

without writing it down...
TRY THESE PROBLEMS

1. 72 + 5
2. 21 + 8
3. 46 + 4
4. 52 + 7
5. 67 + 6
6. 88 + 6
7. 24 + 5
8. 45 + 9
9. 8 + 63
10. 77 + 9

Lesson 6 Two-Digit Numbers + One-Digit Numbers The Art of Mental Calculation

Mental Stretches A

As fast as you can, write the answer to each problem in the blank provided. Use a pencil only to write in the answer.

1. 56 + 3 = _____ **11.** 54 + 9 = _____

2. 92 + 1 = _____ **12.** 68 + 7 = _____

3. 29 + 3 = _____ **13.** 98 + 3 = _____

4. 77 + 6 = _____ **14.** 67 + 9 = _____

5. 82 + 4 = _____ **15.** 48 + 7 = _____

6. 48 + 6 = _____ **16.** 89 + 6 = _____

7. 33 + 8 = _____ **17.** 37 + 5 = _____

8. 75 + 6 = _____ **18.** 74 + 9 = _____

9. 28 + 8 = _____ **19.** 98 + 8 = _____

10. 41 + 9 = _____ **20.** 85 + 9 = _____

Copyright © 2014 by Arthur Benjamin and Natalya St. Clair

Lesson 6 Two-Digit Numbers + One-Digit Numbers The Art of Mental Calculation

Mental Stretches B

As fast as you can, write the answer to each problem in the blank provided. Use a pencil only to write in the answer.

1. 67 + 2 = _____ **11.** 82 + 5 = _____

2. 79 + 1 = _____ **12.** 57 + 7 = _____

3. 94 + 4 = _____ **13.** 41 + 5 = _____

4. 28 + 3 = _____ **14.** 89 + 4 = _____

5. 47 + 5 = _____ **15.** 68 + 7 = _____

6. 39 + 7 = _____ **16.** 38 + 8 = _____

7. 85 + 6 = _____ **17.** 44 + 9 = _____

8. 24 + 3 = _____ **18.** 88 + 9 = _____

9. 56 + 1 = _____ **19.** 96 + 6 = _____

10. 64 + 9 = _____ **20.** 48 + 9 = _____

Copyright © 2014 by Arthur Benjamin and Natalya St. Clair

Larger Two-Digit Numbers + One-Digit Numbers Lesson 7

Once again, we can do problems in our heads that sound much larger but aren't any harder.

Forty-six plus three is forty-nine!
46 + 3 = 49

4 hundred 60 plus 30 is 4 hundred 90!
460 + 30 = 490

46 hundred plus 3 hundred equals 49 hundred!
4,600 + 300 = 4,900

46 thousand plus 3 thousand is 49 thousand!
46,000 + 3,000 = 49,000

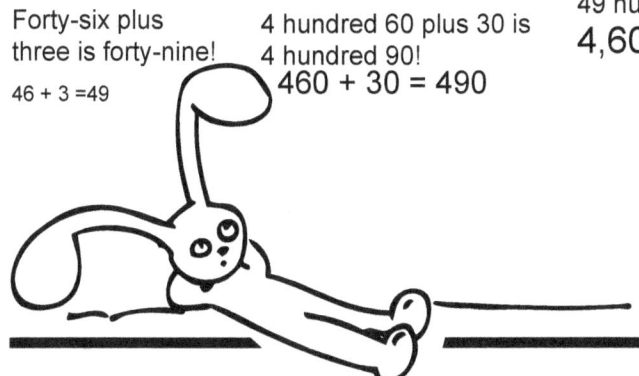

Even when there are carries, the problem is still just as easy to do in your head. In this example, we can think of each problem as 58+7.

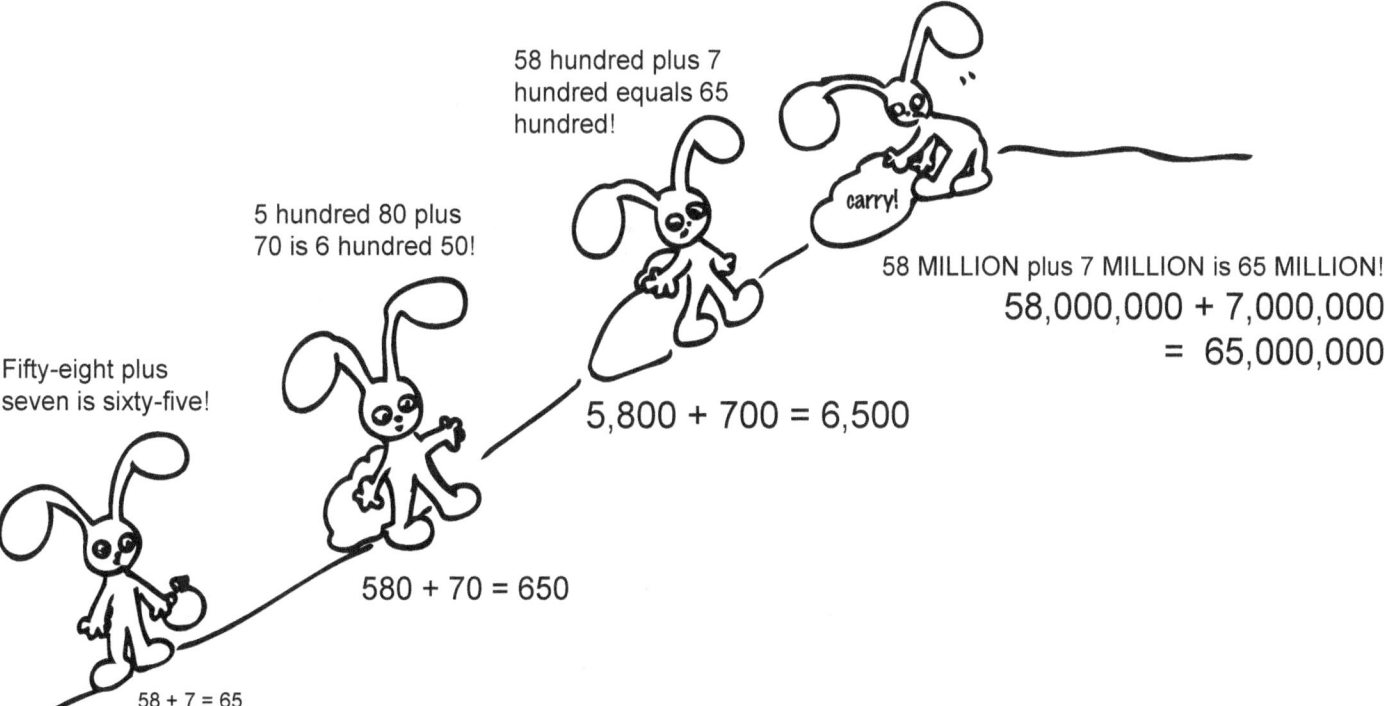

Fifty-eight plus seven is sixty-five!
58 + 7 = 65

5 hundred 80 plus 70 is 6 hundred 50!
580 + 70 = 650

58 hundred plus 7 hundred equals 65 hundred!
5,800 + 700 = 6,500

carry!

58 MILLION plus 7 MILLION is 65 MILLION!
58,000,000 + 7,000,000 = 65,000,000

without writing it down...
TRY THESE PROBLEMS
1. 1,200 + 400
2. 230 + 60
3. 4,600 + 200
4. 820 + 70
5. 6,800 + 800
6. 34,000 + 4,000
7. 900 + 90
8. 870 + 50
9. 600 + 4,500
10. 93,000 + 7,000

Lesson 7 — Larger Two-Digit Numbers + One-Digit Numbers — The Art of Mental Calculation

Mental Stretches A

As fast as you can, write the answer to each problem in the blank provided. Use a pencil only to write in the answer.

1. 250 + 40 = _____
2. 7,300 + 300 = _____
3. 270 + 30 = _____
4. 92,000 + 6,000 = _____
5. 71 + 4 = _____
6. 460 + 10 = _____
7. 8,400 + 700 = _____
8. 490 + 20 = _____
9. 27,000 + 9,000 = _____
10. 880 + 70 = _____
11. 730 + 70 = _____
12. 3,500 + 600 = _____
13. 89 + 6 = _____
14. 640 + 70 = _____
15. 4,800 + 200 = _____
16. 38 million + 6 million = _____
17. 17,000 + 8,000 = _____
18. 760 + 90 = _____
19. 950 + 90 = _____
20. 9,700 + 600 = _____

Lesson 7 — Larger Two-Digit Numbers + One-Digit Numbers — The Art of Mental Calculation

Mental Stretches B

As fast as you can, write the answer to each problem in the blank provided. Use a pencil only to write in the answer.

1. 410 + 30 = _____
2. 7,400 + 400 = _____
3. 360 + 30 = _____
4. 55,000 + 5,000 = _____
5. 620 + 60 = _____
6. 8,300 + 700 = _____
7. 150 + 60 = _____
8. 4,300 + 200 = _____
9. 850 + 50 = _____
10. 28,000 + 9,000 = _____
11. 320 + 80 = _____
12. 260 + 90 = _____
13. 3,800 + 500 = _____
14. 87 million + 4 million = _____
15. 930 + 70 = _____
16. 59,000 + 8,000 = _____
17. 270 + 90 = _____
18. 6,800 + 400 = _____
19. 9,700 + 900 = _____
20. 28 million + 9 million = _____

Adding Numbers With Passengers in Front

Lesson 8

Sometimes numbers come along for the ride in front.

125 + 2

We know 25 plus 2 is 27.
But don't forget about the 1 in the front!

1,234 + 8

carry!

---

without writing it down...

TRY THESE PROBLEMS

1. 452 + 5
2. 157 + 2
3. 1,282 + 8
4. 873 + 9
5. 5,721 + 9
6. 728 + 8
7. 677 + 5
8. 4,509 + 6
9. 10,864 + 3
10. 592 + 8

The Art of Mental Calculation

Lesson 8   Adding Numbers With Passengers in Front   The Art of Mental Calculation
Mental Stretches A
As fast as you can, write the answer to each problem in the blank provided. Use a pencil only to write in the answer.

1. 551 + 4 = _____
2. 671 + 8 = _____
3. 1,571 + 3 = _____
4. 213 + 1 = _____
5. 582 + 8 = _____
6. 473 + 9 = _____
7. 431 + 4 = _____
8. 322 + 7 = _____
9. 450 + 5 = _____
10. 936 + 6 = _____

11. 919 + 2 = _____
12. 125 + 8 = _____
13. 1,232 + 7 = _____
14. 347 + 2 = _____
15. 7,256 + 9 = _____
16. 1,538 + 8 = _____
17. 544 + 6 = _____
18. 197 + 5 = _____
19. 978 + 4 = _____
20. 4,598 + 6 = _____

Copyright © 2014 by Arthur Benjamin and Natalya St. Clair

Lesson 8   Adding Numbers With Passengers in Front   The Art of Mental Calculation
Mental Stretches B
As fast as you can, write the answer to each problem in the blank provided. Use a pencil only to write in the answer.

1. 976 + 2 = _____
2. 461 + 5 = _____
3. 372 + 8 = _____
4. 133 + 9 = _____
5. 417 + 2 = _____
6. 824 + 7 = _____
7. 553 + 6 = _____
8. 1,363 + 2 = _____
9. 422 + 5 = _____
10. 317 + 4 = _____

11. 674 + 9 = _____
12. 3,543 + 7 = _____
13. 3,884 + 8 = _____
14. 879 + 4 = _____
15. 938 + 7 = _____
16. 5,912 + 8 = _____
17. 878 + 5 = _____
18. 18,347 + 9 = _____
19. 9,708 + 6 = _____
20. 9,996 + 9 = _____

Copyright © 2014 by Arthur Benjamin and Natalya St. Clair

Two-Digit Numbers + Two-Digit Numbers

Lesson 9

Adding two-digit numbers is not so tough when moving from left to right. First add the ten's digits, then add the one's digits.

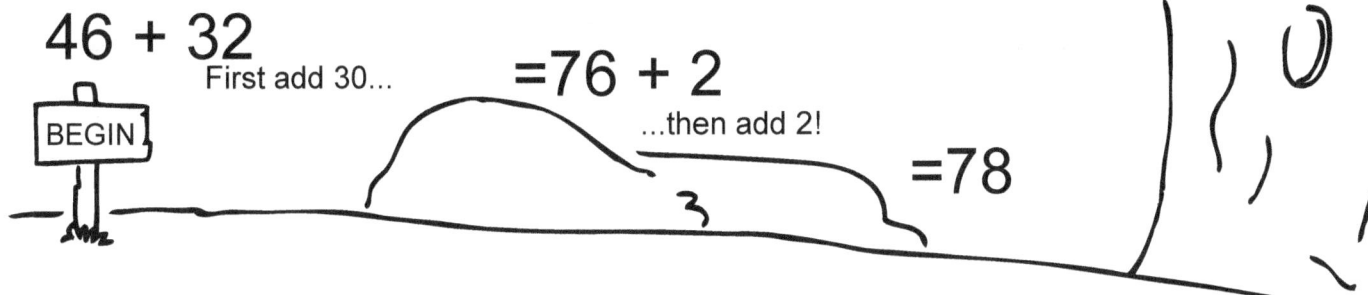

After adding 30, the problem becomes simpler.

Watch for carries on the one's side...

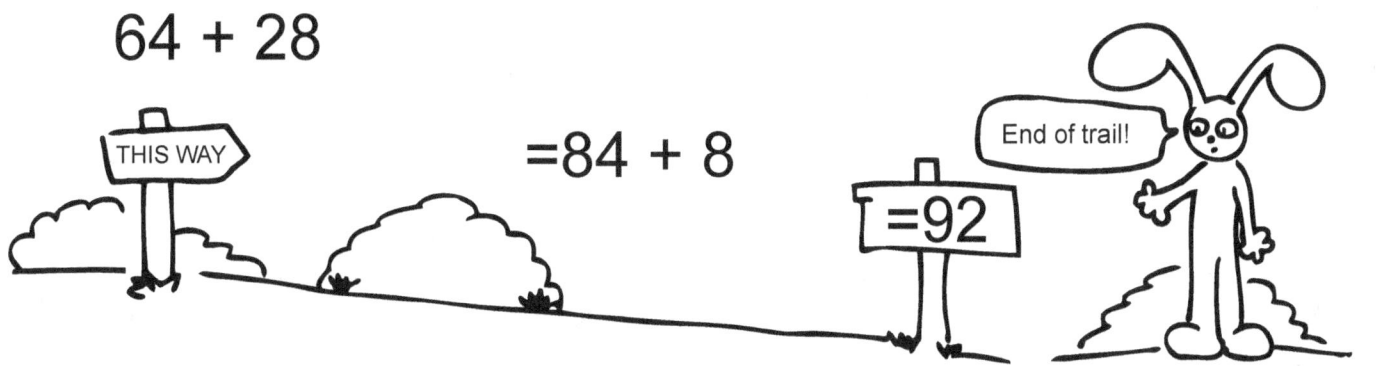

...or even carries on the ten's side!

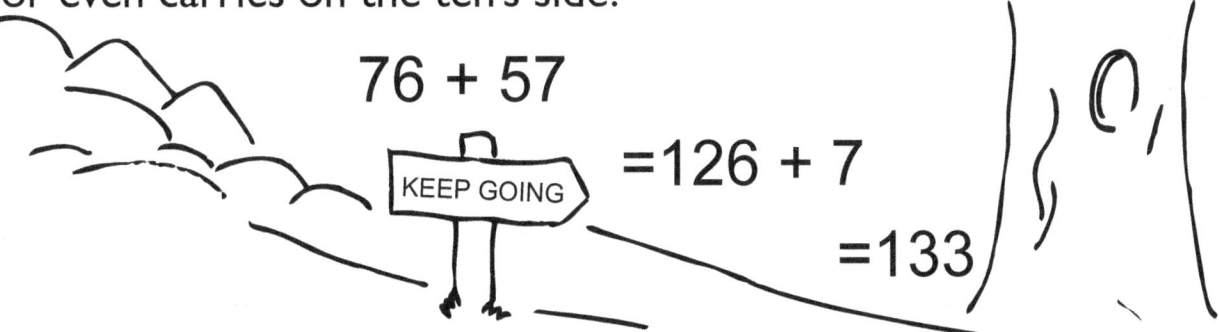

---

without writing it down...
TRY THESE PROBLEMS

1. 23 + 16
2. 64 + 43
3. 95 + 32
4. 34 + 26
5. 89 + 78
6. 73 + 58
7. 47 + 36
8. 19 + 17
9. 55 + 49
10. 39 + 38

Copyright © 2014 by Arthur Benjamin and Natalya St. Clair

Lesson 9 Two-Digit Numbers + Two-Digit Numbers The Art of Mental Calculation

Mental Stretches A

As fast as you can, write the answer to each problem in the blank provided. Use a pencil only to write in the answer.

1. 35 + 13 = _____

2. 74 + 24 = _____

3. 57 + 32 = _____

4. 13 + 16 = _____

5. 58 + 41 = _____

6. 47 + 54 = _____

7. 61 + 28 = _____

8. 25 + 36 = _____

9. 55 + 15 = _____

10. 36 + 24 = _____

11. 15 + 29 = _____

12. 58 + 13 = _____

13. 66 + 27 = _____

14. 36 + 26 = _____

15. 56 + 58 = _____

16. 78 + 34 = _____

17. 67 + 55 = _____

18. 88 + 63 = _____

19. 97 + 46 = _____

20. 78 + 86 = _____

Copyright © 2014 by Arthur Benjamin and Natalya St. Clair

Lesson 9 Two-Digit Numbers + Two-Digit Numbers The Art of Mental Calculation

Mental Stretches B

As fast as you can, write the answer to each problem in the blank provided. Use a pencil only to write in the answer.

1. 76 + 22 = _____

2. 41 + 23 = _____

3. 37 + 18 = _____

4. 53 + 34 = _____

5. 41 + 25 = _____

6. 42 + 54 = _____

7. 36 + 64 = _____

8. 11 + 57 = _____

9. 62 + 24 = _____

10. 37 + 18 = _____

11. 67 + 26 = _____

12. 59 + 27 = _____

13. 38 + 45 = _____

14. 37 + 44 = _____

15. 93 + 15 = _____

16. 85 + 58 = _____

17. 78 + 46 = _____

18. 64 + 49 = _____

19. 88 + 35 = _____

20. 96 + 98 = _____

Copyright © 2014 by Arthur Benjamin and Natalya St. Clair

Three-Digit Numbers + Three-Digit Numbers   Lesson 10

To add 3-digit numbers together, first add the hundreds, then add the tens, then add the ones. After each step, the problem becomes simpler.

First add 100, then 50, then 9.

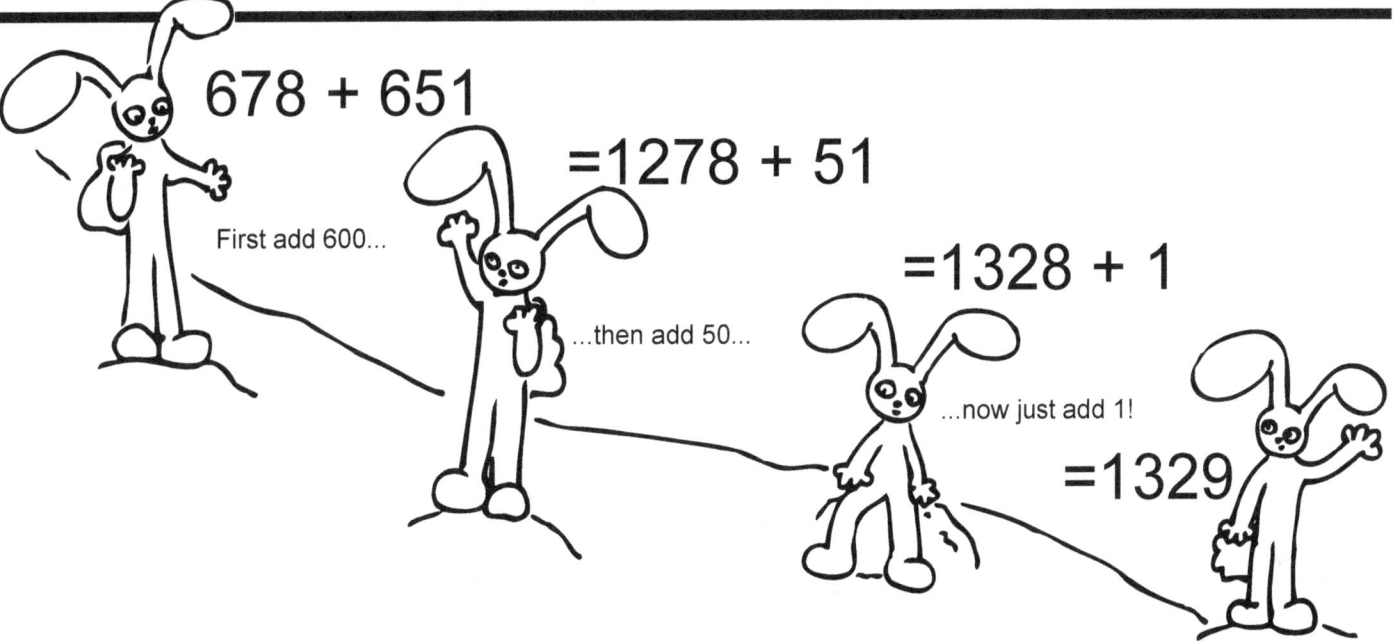

without writing it down...
TRY THESE PROBLEMS

1. 242 + 137
2. 312 + 256
3. 635 + 814
4. 457 + 241
5. 912 + 475
6. 852 + 378
7. 457 + 269
8. 878 + 797
9. 276 + 689
10. 877 + 539

Lesson 10   Three-Digit Numbers + Three-Digit Numbers   The Art of Mental Calculation

Mental Stretches A

As fast as you can, write the answer to each problem in the blank provided. Use a pencil only to write in the answer.

1. 355 + 132 = _____ **11.** 939 + 229 = _____

2. 647 + 231 = _____ **12.** 758 + 417 = _____

3. 587 + 412 = _____ **13.** 967 + 497 = _____

4. 233 + 158 = _____ **14.** 866 + 266 = _____

5. 438 + 346 = _____ **15.** 546 + 578 = _____

6. 437 + 514 = _____ **16.** 678 + 934 = _____

7. 671 + 268 = _____ **17.** 896 + 459 = _____

8. 245 + 376 = _____ **18.** 678 + 673 = _____

9. 645 + 385 = _____ **19.** 587 + 646 = _____

10. 426 + 524 = _____ **20.** 788 + 986 = _____

Copyright © 2014 by Arthur Benjamin and Natalya St. Clair

Lesson 10   Three-Digit Numbers + Three-Digit Numbers   The Art of Mental Calculation

Mental Stretches B

As fast as you can, write the answer to each problem in the blank provided. Use a pencil only to write in the answer.

1. 434 + 523 = _____ **11.** 576 + 456 = _____

2. 431 + 263 = _____ **12.** 757 + 254 = _____

3. 343 + 138 = _____ **13.** 658 + 465 = _____

4. 583 + 342 = _____ **14.** 387 + 413 = _____

5. 431 + 525 = _____ **15.** 863 + 155 = _____

6. 352 + 754 = _____ **16.** 765 + 687 = _____

7. 346 + 646 = _____ **17.** 386 + 477 = _____

8. 421 + 579 = _____ **18.** 874 + 369 = _____

9. 652 + 249 = _____ **19.** 568 + 635 = _____

10. 367 + 186 = _____ **20.** 467 + 988 = _____

Copyright © 2014 by Arthur Benjamin and Natalya St. Clair

Three-Digit Numbers + Three-Digit Numbers (Using Subtraction)   Lesson 11

Quick! Now add 759 + 496.

"Look! 500 minus 4 is 496, and 500 is easier to add than 496."

496 + 4 is 500

"Just add 500 to 759, which you can do in one step."

759 + 500

1259 − 4

"Then subtract 4 from 1259. THAT'S MUCH EASIER!"

= 1255

without writing it down...
TRY THESE PROBLEMS

1. 35 + 49
2. 57 + 78
3. 495 + 215
4. 579 + 898
5. 663 + 297
6. 878 + 792
7. 485 + 58
8. 92 + 459
9. 393 + 614
10. 492 + 598

Lesson 11   Three-Digit Numbers + Three-Digit Numbers (Using Subtraction)   The Art of Mental Calculation

Mental Stretches A

As fast as you can, write the answer to each problem in the blank provided. Use a pencil only to write in the answer.

1. 29 + 57 = _____

2. 48 + 23 = _____

3. 58 + 334 = _____

4. 397 + 225 = _____

5. 598 + 166 = _____

6. 797 + 421 = _____

7. 691 + 460 = _____

8. 438 + 196 = _____

9. 519 + 295 = _____

10. 247 + 194 = _____

11. 198 + 989 = _____

12. 261 + 497 = _____

13. 967 + 497 = _____

14. 596 + 176 = _____

15. 290 + 453 = _____

16. 470 + 484 = _____

17. 896 + 459 = _____

18. 579 + 980 = _____

19. 197 + 640 = _____

20. 598 + 780 = _____

Copyright © 2014 by Arthur Benjamin and Natalya St. Clair

Lesson 11   Three-Digit Numbers + Three-Digit Numbers (Using Subtraction)   The Art of Mental Calculation

Mental Stretches B

As fast as you can, write the answer to each problem in the blank provided. Use a pencil only to write in the answer.

1. 49 + 32 = _____

2. 11 + 59 = _____

3. 79 + 111 = _____

4. 399 + 467 = _____

5. 377 + 495 = _____

6. 392 + 754 = _____

7. 796 + 466 = _____

8. 821 + 599 = _____

9. 932 + 298 = _____

10. 696 + 196 = _____

11. 986 + 97 = _____

12. 634 + 59 = _____

13. 998 + 861 = _____

14. 780 + 483 = _____

15. 868 + 690 = _____

16. 295 + 87 = _____

17. 980 + 643 = _____

18. 893 + 134 = _____

19. 298 + 220 = _____

20. 68 + 920 = _____

Copyright © 2014 by Arthur Benjamin and Natalya St. Clair

PaRt Two:

Mental Subtraction

For most of us, it is easier to add than subtract. But if you continue to compute from left to right and to break problems down into simpler steps, subtraction can become almost as easy as addition.

Light and Heavy Subtraction Problems
Which of the following problems are light? Which are heavy?

Lesson 1

We say that a subtraction problem is *light* if it could be solved with no borrowing needed.

Otherwise, we say the problem is *heavy*.

---

without writing it down...

AS FAST AS YOU CAN, CIRCLE THE HEAVY PROBLEMS

1. 25 - 12
2. 214 - 112
3. 23 - 6
4. 76 - 58
5. 92 - 11
6. 896 - 676
7. 132 - 48
8. 555 - 466
9. 168 - 58
10. 1,285 - 973

Lesson 1 — Light and Heavy Subtraction Problems — The Art of Mental Calculation

Mental Stretches A

As fast as you can, write a checkmark next to the problems that are heavy.

1. 67 - 13 ☐
2. 56 - 32 ☐
3. 19 - 8 ☐
4. 73 - 5 ☐
5. 67 - 59 ☐
6. 460 - 331 ☐
7. 535 - 412 ☐
8. 128 - 89 ☐
9. 534 - 9 ☐
10. 432 - 39 ☐
11. 23 - 13 ☐
12. 973 - 130 ☐
13. 394 - 288 ☐
14. 128 - 97 ☐
15. 787 - 656 ☐
16. 614 - 105 ☐
17. 235 - 171 ☐
18. 1,491 - 21 ☐
19. 357 - 238 ☐
20. 313 - 309 ☐

Copyright © 2014 by Arthur Benjamin and Natalya St. Clair

Lesson 1 — Light and Heavy Subtraction Problems — The Art of Mental Calculation

Mental Stretches B

As fast as you can, write a checkmark next to the problems that are heavy.

1. 68 - 15 ☐
2. 71 - 8 ☐
3. 93 - 33 ☐
4. 162 - 84 ☐
5. 676 - 115 ☐
6. 537 - 246 ☐
7. 840 - 19 ☐
8. 415 - 203 ☐
9. 912 - 834 ☐
10. 411 - 67 ☐
11. 18 - 7 ☐
12. 834 - 746 ☐
13. 434 - 252 ☐
14. 362 - 130 ☐
15. 679 - 564 ☐
16. 898 - 426 ☐
17. 911 - 301 ☐
18. 638 - 253 ☐
19. 902 - 814 ☐
20. 694 - 587 ☐

Copyright © 2014 by Arthur Benjamin and Natalya St. Clair

Two-Digit Subtraction Problems (Light)   Lesson 2

Light subtraction problems don't require borrowing and are very easy!

56 - 4   is just   52!

I can do light problems in my head without any worries. 6 minus 4 is 2, and don't forget the 50 in front!

To do light two-digit subtraction problems, start at the left and work to the right.

First subtract 40, then subtract 3.

86 - 43   = 46 - 3   = 43

After subtracting the ten's digits, the problem gets simpler.

99 - 27   =79 - 7   = 72

without writing it down...
TRY THESE PROBLEMS
1. 23 - 3
2. 38 - 4
3. 59 - 7
4. 96 - 4
5. 77 - 2
6. 34 - 23
7. 68 - 35
8. 89 - 48
9. 57 - 27
10. 76 - 52

Copyright © 2014 by Arthur Benjamin and Natalya St. Clair   The Art of Mental Calculation

Lesson 2 — Light and Heavy Subtraction Problems — The Art of Mental Calculation

Mental Stretches A

As fast as you can, write the answer to each problem in the blank provided. Use a pencil only to write in the answer.

1. 95 - 3 = _____
2. 83 - 2 = _____
3. 58 - 6 = _____
4. 39 - 5 = _____
5. 76 - 1 = _____
6. 64 - 3 = _____
7. 42 - 0 = _____
8. 87 - 6 = _____
9. 19 - 8 = _____
10. 47 - 4 = _____
11. 98 - 87 = _____
12. 26 - 13 = _____
13. 74 - 43 = _____
14. 56 - 43 = _____
15. 29 - 15 = _____
16. 78 - 38 = _____
17. 69 - 45 = _____
18. 87 - 65 = _____
19. 91 - 61 = _____
20. 59 - 57 = _____

Copyright © 2014 by Arthur Benjamin and Natalya St. Clair

Lesson 2 — Light and Heavy Subtraction Problems — The Art of Mental Calculation

Mental Stretches B

As fast as you can, write the answer to each problem in the blank provided. Use a pencil only to write in the answer.

1. 68 - 3 = _____
2. 91 - 0 = _____
3. 43 - 1 = _____
4. 39 - 6 = _____
5. 47 - 4 = _____
6. 89 - 7 = _____
7. 28 - 6 = _____
8. 15 - 5 = _____
9. 63 - 2 = _____
10. 36 - 5 = _____
11. 86 - 11 = _____
12. 34 - 22 = _____
13. 67 - 41 = _____
14. 78 - 58 = _____
15. 76 - 32 = _____
16. 95 - 81 = _____
17. 88 - 64 = _____
18. 39 - 14 = _____
19. 51 - 20 = _____
20. 67 - 62 = _____

Copyright © 2014 by Arthur Benjamin and Natalya St. Clair

Three-Digit Subtraction Problems (Light)   Lesson 3

To compute light three-digit subtraction problems, start at the left and move towards the right.

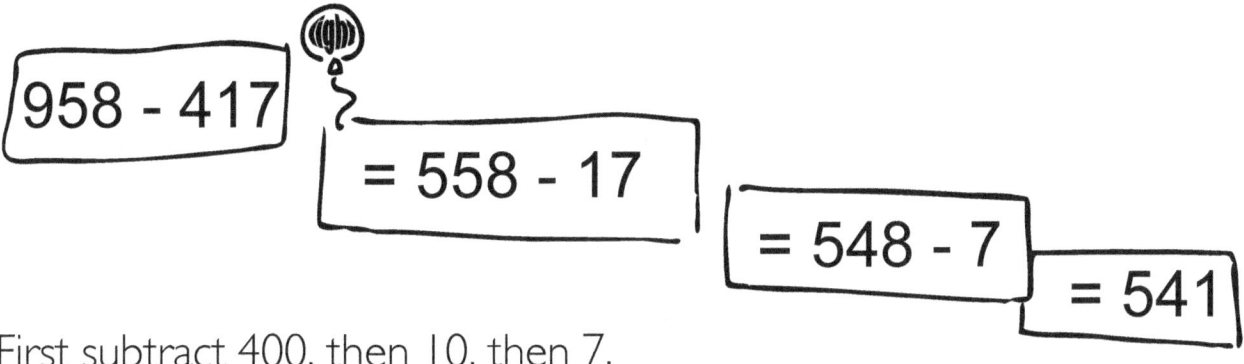

First subtract 400, then 10, then 7.

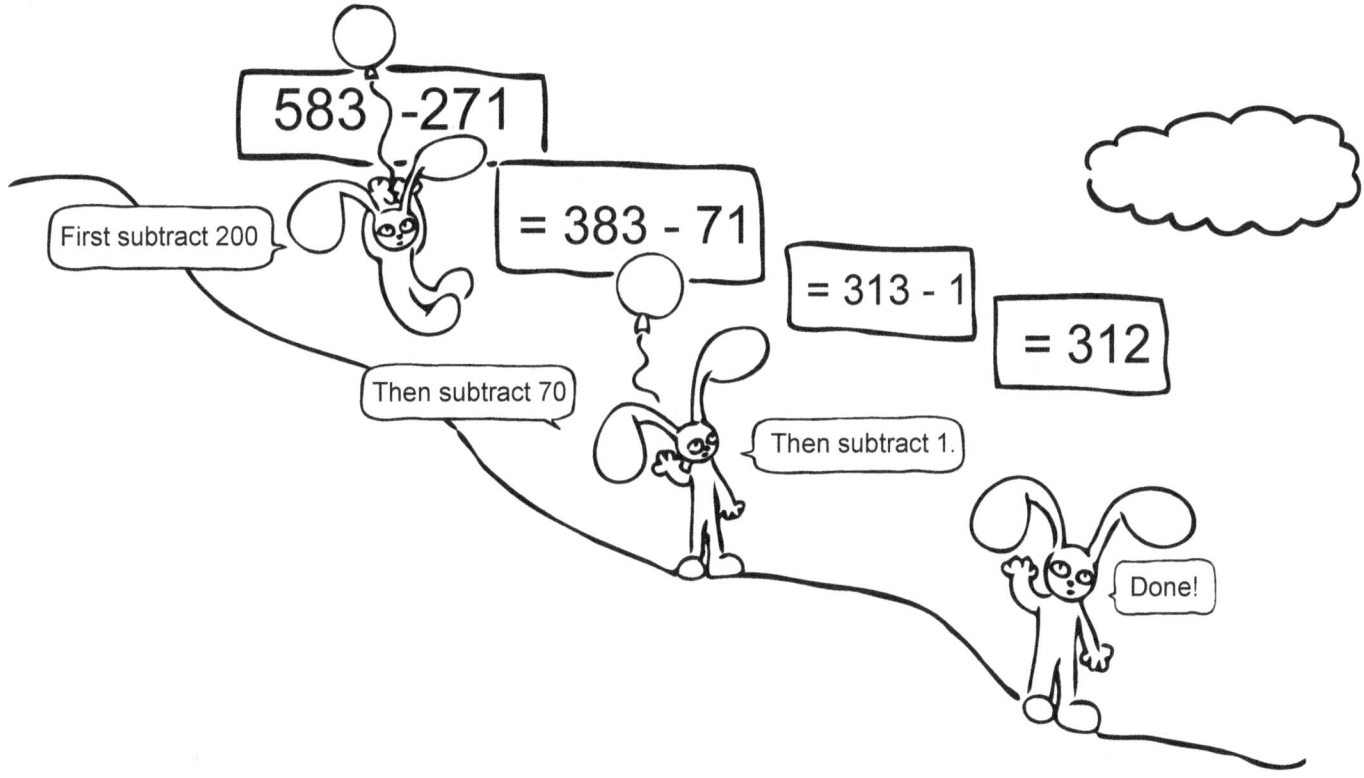

After each step, the problem becomes simpler!

without writing it down...
TRY THESE PROBLEMS

1. 936 - 725
2. 793 - 402
3. 465 - 122
4. 633 - 210
5. 586 - 236
6. 883 - 271
7. 601 - 501
8. 452 - 221
9. 999 - 888
10. 526 - 314

Lesson 3 Three-Digit Subtraction Problems (Light) The Art of Mental Calculation
Mental Stretches A
As fast as you can, write the answer to each problem in the blank provided. Use a pencil only to write in the answer.

1. 425 - 113 = _____

2. 674 - 542 = _____

3. 985 - 161 = _____

4. 439 - 316 = _____

5. 894 - 672 = _____

6. 718 - 301 = _____

7. 297 - 125 = _____

8. 958 - 642 = _____

9. 567 - 132 = _____

10. 912 - 411 = _____

11. 798 - 237 = _____

12. 126 - 114 = _____

13. 584 - 343 = _____

14. 696 - 452 = _____

15. 941 - 231 = _____

16. 568 - 368 = _____

17. 476 - 454 = _____

18. 954 - 832 = _____

19. 781 - 661 = _____

20. 423 - 413 = _____

Lesson 3 Three-Digit Subtraction Problems (Light) The Art of Mental Calculation
Mental Stretches B
As fast as you can, write the answer to each problem in the blank provided. Use a pencil only to write in the answer.

1. 984 - 452 = _____

2. 781 - 530 = _____

3. 238 - 112 = _____

4. 675 - 564 = _____

5. 856 - 453 = _____

6. 974 - 232 = _____

7. 677 - 463 = _____

8. 945 - 524 = _____

9. 797 - 273 = _____

10. 957 - 435 = _____

11. 974 - 212 = _____

12. 647 - 346 = _____

13. 580 - 410 = _____

14. 708 - 508 = _____

15. 693 - 321 = _____

16. 857 - 817 = _____

17. 918 - 604 = _____

18. 795 - 184 = _____

19. 512 - 402 = _____

20. 532 - 232 = _____

Two-Digit Numbers Minus One-Digit Numbers (Heavy)   Lesson 4

For these problems, the ten's digit goes down by one. There are two good ways to do these problems.

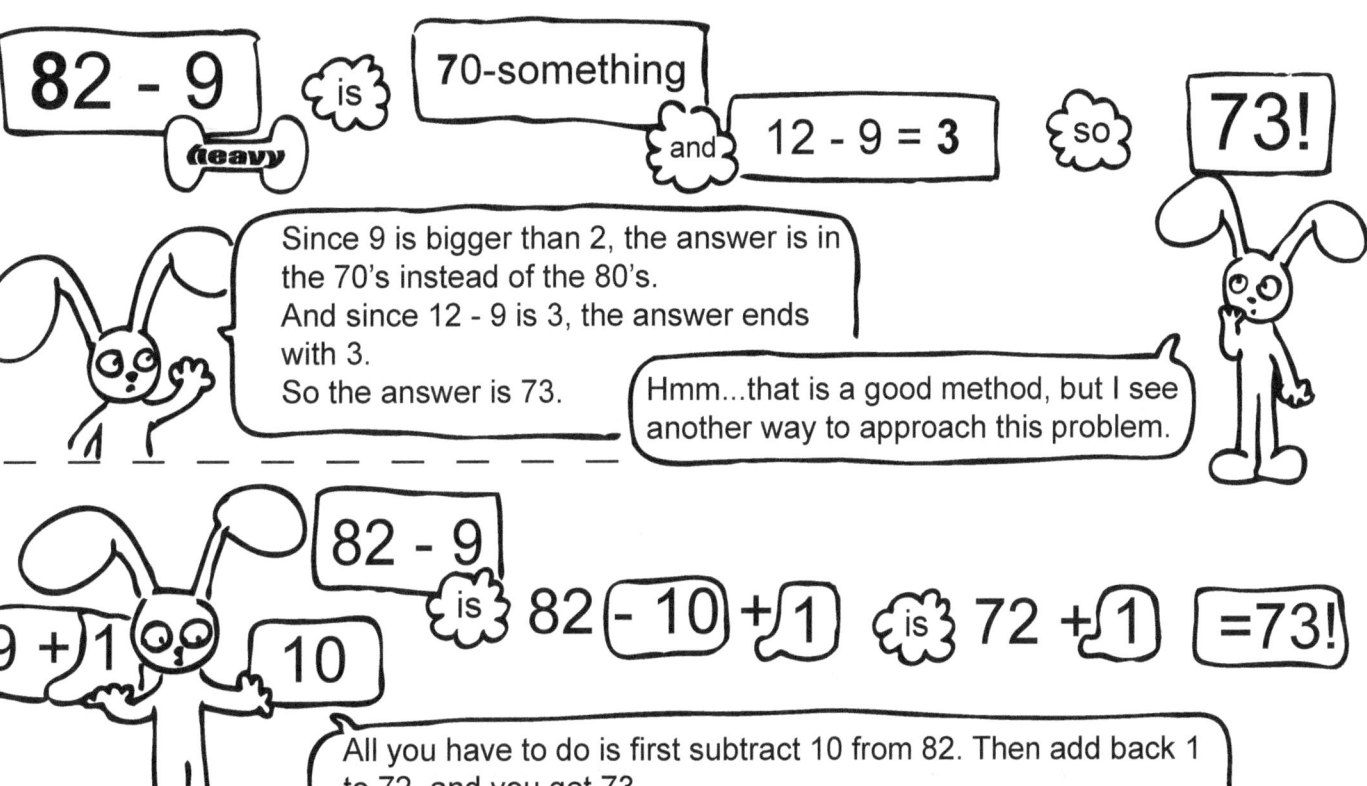

Both methods work with heavy subtraction problems.

without writing it down...
TRY THESE PROBLEMS

1. 15 - 8
2. 45 - 9
3. 72 - 5
4. 21 - 6
5. 50 - 7

6. 64 - 8
7. 82 - 4
8. 44 - 6
9. 31 - 7
10. 53 - 8

Lesson 4 — Two-Digit Numbers Minus One-Digit Numbers (Heavy) — The Art of Mental Calculation

Mental Stretches A

As fast as you can, write the answer to each problem in the blank provided. Use a pencil only to write in the answer.

1. 14 - 7 = _____
2. 22 - 8 = _____
3. 75 - 6 = _____
4. 43 - 4 = _____
5. 51 - 5 = _____
6. 18 - 9 = _____
7. 61 - 8 = _____
8. 92 - 7 = _____
9. 83 - 5 = _____
10. 12 - 9 = _____
11. 56 - 7 = _____
12. 27 - 9 = _____
13. 81 - 7 = _____
14. 91 - 4 = _____
15. 42 - 6 = _____
16. 65 - 7 = _____
17. 73 - 9 = _____
18. 51 - 8 = _____
19. 74 - 6 = _____
20. 63 - 7 = _____

Copyright © 2014 by Arthur Benjamin and Natalya St. Clair

Lesson 4 — Two-Digit Numbers Minus One-Digit Numbers (Heavy) — The Art of Mental Calculation

Mental Stretches B

As fast as you can, write the answer to each problem in the blank provided. Use a pencil only to write in the answer.

1. 41 - 2 = _____
2. 15 - 6 = _____
3. 23 - 5 = _____
4. 12 - 6 = _____
5. 71 - 5 = _____
6. 92 - 8 = _____
7. 53 - 6 = _____
8. 75 - 7 = _____
9. 51 - 6 = _____
10. 78 - 9 = _____
11. 74 - 8 = _____
12. 63 - 6 = _____
13. 32 - 7 = _____
14. 40 - 9 = _____
15. 95 - 8 = _____
16. 52 - 9 = _____
17. 73 - 8 = _____
18. 65 - 9 = _____
19. 51 - 7 = _____
20. 32 - 5 = _____

Copyright © 2014 by Arthur Benjamin and Natalya St. Clair

Larger Two-Digit Numbers Minus One-Digit Numbers   Lesson 5

Once again, we can do problems in our heads that sound much larger but aren't any harder.

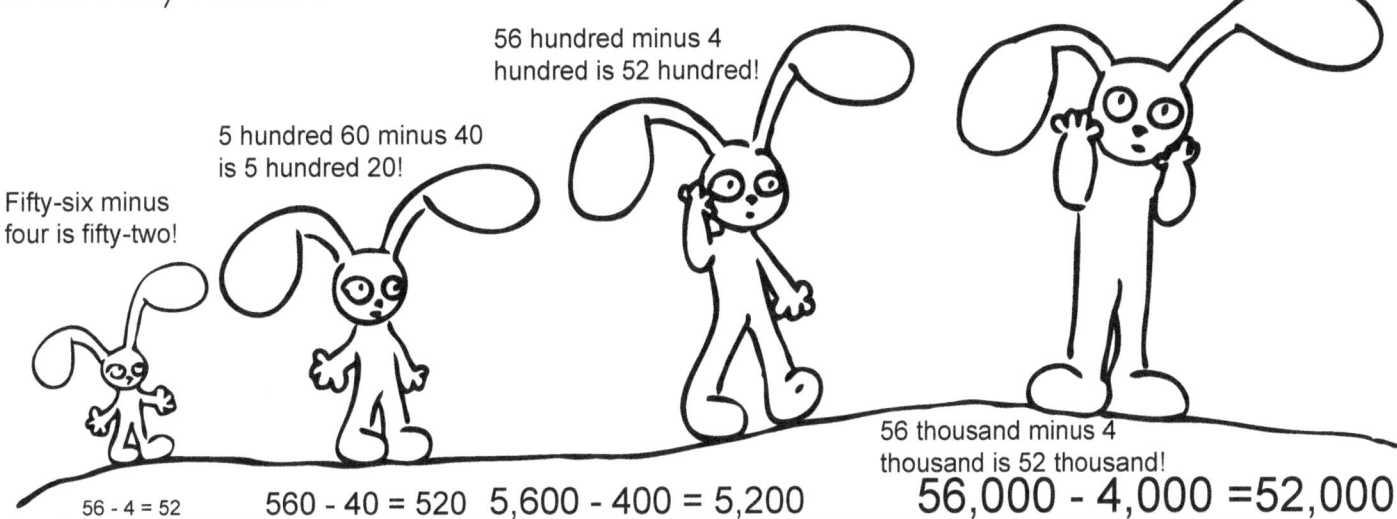

Fifty-six minus four is fifty-two!
56 - 4 = 52

5 hundred 60 minus 40 is 5 hundred 20!
560 - 40 = 520

56 hundred minus 4 hundred is 52 hundred!
5,600 - 400 = 5,200

56 thousand minus 4 thousand is 52 thousand!
56,000 - 4,000 = 52,000

Twenty-four minus seven is seventeen!
24 - 7 = 17

2 hundred 40 minus 70 is 1 hundred 70!
240 - 70 = 170

24 hundred minus 7 hundred equals 17 hundred!
2,400 - 700 = 1,700

24 MILLION minus 7 MILLION is 17 MILLION!
24,000,000 - 7,000,000 = 17,000,000

without writing it down...
TRY THESE PROBLEMS
1. 9,400 - 200
2. 780 - 10
3. 49,000 - 7,000
4. 1,800 - 300
5. 670 - 80
6. 900 - 90
7. 21,000 - 3,000
8. 6,400 - 800
9. 250 - 30
10. 450 - 70

Lesson 5   Larger Two-Digit Numbers Minus One-Digit Numbers   The Art of Mental Calculation
Mental Stretches A

As fast as you can, write the answer to each problem in the blank provided. Use a pencil only to write in the answer.

1. 290 - 50 = _____
2. 5,600 - 400 = _____
3. 550 - 20 = _____
4. 89,000 - 6,000 = _____
5. 8,100 - 200 = _____
6. 680 - 90 = _____
7. 4,500 - 800 = _____
8. 740 - 40 = _____
9. 2,300 - 500 = _____
10. 520 - 40 = _____

11. 96,000 - 5,000 = _____
12. 570 - 90 = _____
13. 7,100 - 300 = _____
14. 850 - 80 = _____
15. 3,100 - 400 = _____
16. 67 million - 9 million = _____
17. 130 - 80 = _____
18. 1,500 - 700 = _____
19. 920 - 80 = _____
20. 1,200 - 700 = _____

Copyright © 2014 by Arthur Benjamin and Natalya St. Clair

Lesson 5   Larger Two-Digit Numbers Minus One-Digit Numbers   The Art of Mental Calculation
Mental Stretches B

As fast as you can, write the answer to each problem in the blank provided. Use a pencil only to write in the answer.

1. 56 - 2 = _____
2. 670 - 60 = _____
3. 2,300 - 400 = _____
4. 820 - 10 = _____
5. 780 - 50 = _____
6. 47,000 - 9,000 = _____
7. 960 - 60 = _____
8. 4,200 - 400 = _____
9. 38 - 6 = _____
10. 910 - 50 = _____

11. 450 - 70 = _____
12. 29 million - 6 million = _____
13. 91 - 7 = _____
14. 1,000 - 700 = _____
15. 5,300 - 800 = _____
16. 640 - 60 = _____
17. 870 - 80 = _____
18. 120 - 70 = _____
19. 15,000 - 8,000 = _____
20. 220 - 80 = _____

Copyright © 2014 by Arthur Benjamin and Natalya St. Clair

Two-Digit Numbers Minus Two-Digit Numbers (Heavy)   Lesson 6

There are two ways to do these problems, but we always go left to right.

$$86 - 30 + 1 = 56 + 1 = 57$$

But I think it's much easier to first subtract 30, then add back 1.

Hmm...you may be right.

   37 + 3 is 40

$$72 - 40 + 3 = 32 + 3 = 35$$

Here is another example.

---

without writing it down...
TRY THESE PROBLEMS

1. 84 - 59
2. 92 - 34
3. 67 - 48
4. 63 - 16
5. 51 - 27

6. 75 - 67
7. 44 - 28
8. 32 - 13
9. 125 - 79
10. 148 - 86

Lesson 6 Two-Digit Numbers Minus Two-Digit Numbers (Heavy) The Art of Mental Calculation
Mental Stretches A

As fast as you can, write the answer to each problem in the blank provided. Use a pencil only to write in the answer.

1. 84 - 29 = _____
2. 26 - 18 = _____
3. 75 - 46 = _____
4. 43 - 28 = _____
5. 41 - 19 = _____
6. 92 - 87 = _____
7. 81 - 69 = _____
8. 65 - 48 = _____
9. 34 - 25 = _____
10. 93 - 47 = _____

11. 46 - 38 = _____
12. 87 - 59 = _____
13. 71 - 36 = _____
14. 53 - 37 = _____
15. 21 - 16 = _____
16. 45 - 37 = _____
17. 50 - 29 = _____
18. 64 - 58 = _____
19. 86 - 68 = _____
20. 93 - 79 = _____

Copyright © 2014 by Arthur Benjamin and Natalya St. Clair

Lesson 6 Two-Digit Numbers Minus Two-Digit Numbers (Heavy) The Art of Mental Calculation
Mental Stretches B

As fast as you can, write the answer to each problem in the blank provided. Use a pencil only to write in the answer.

1. 71 - 28 = _____
2. 64 - 46 = _____
3. 27 - 18 = _____
4. 56 - 39 = _____
5. 72 - 23 = _____
6. 42 - 38 = _____
7. 83 - 29 = _____
8. 63 - 17 = _____
9. 91 - 38 = _____
10. 52 - 29 = _____

11. 54 - 28 = _____
12. 96 - 67 = _____
13. 44 - 16 = _____
14. 61 - 38 = _____
15. 55 - 19 = _____
16. 87 - 38 = _____
17. 76 - 29 = _____
18. 60 - 49 = _____
19. 91 - 78 = _____
20. 62 - 59 = _____

Copyright © 2014 by Arthur Benjamin and Natalya St. Clair

Heavy (?) Three-Digit Subtraction Problems   Lesson 7

Some heavy three-digit subtraction problems look pretty hard at first...but rounding and subtracting makes them extremely easy.

First subtract 600. Then add back 2.

without writing it down...
TRY THESE PROBLEMS

1. 468 - 199
2. 673 - 395
3. 812 - 492
4. 446 - 295
5. 778 - 394
6. 567 - 197
7. 128 - 93
8. 505 - 295
9. 986 - 691
10. 497 - 293

Copyright © 2014 by Arthur Benjamin and Natalya St. Clair   The Art of Mental Calculation

Lesson 7   Heavy (?) Three-Digit Subtraction Problems   The Art of Mental Calculation

Mental Stretches A

As fast as you can, write the answer to each problem in the blank provided. Use a pencil only to write in the answer.

1. 463 - 197 = _____
2. 674 - 396 = _____
3. 735 - 195 = _____
4. 429 - 398 = _____
5. 894 - 396 = _____
6. 355 - 291 = _____
7. 841 - 195 = _____
8. 675 - 493 = _____
9. 569 - 190 = _____
10. 178 - 91 = _____

11. 438 - 160 = _____
12. 926 - 394 = _____
13. 435 - 275 = _____
14. 756 - 170 = _____
15. 145 - 95 = _____
16. 425 - 175 = _____
17. 676 - 494 = _____
18. 754 - 160 = _____
19. 481 - 291 = _____
20. 923 - 385 = _____

Copyright © 2014 by Arthur Benjamin and Natalya St. Clair

Lesson 7   Heavy (?) Three-Digit Subtraction Problems   The Art of Mental Calculation

Mental Stretches B

As fast as you can, write the answer to each problem in the blank provided. Use a pencil only to write in the answer.

1. 974 - 497 = _____
2. 651 - 398 = _____
3. 653 - 192 = _____
4. 755 - 594 = _____
5. 742 - 293 = _____
6. 414 - 199 = _____
7. 134 - 93 = _____
8. 825 - 597 = _____
9. 287 - 193 = _____
10. 832 - 395 = _____

11. 534 - 190 = _____
12. 984 - 596 = _____
13. 843 - 470 = _____
14. 398 - 199 = _____
15. 720 - 375 = _____
16. 687 - 297 = _____
17. 938 - 640 = _____
18. 925 - 195 = _____
19. 688 - 496 = _____
20. 534 - 285 = _____

Copyright © 2014 by Arthur Benjamin and Natalya St. Clair

Complements (You're Welcome!)   Lesson 8

Quick! How far from 100 is each of these numbers?

| 57 | 68 | 49 | 21 | 79 | 80 |

Did you guess the following answers for each number?

| 43 | 32 | 51 | 79 | 21 | 20 |

Notice that for each pair of numbers that add to 100, the first digits add to 9 and the second digits add to 10 (except for 80 and 20—do you see why?).

Pairs of numbers that add to 100 are called complements.

  100

So...the complement of

It's a perfect fit!

without writing it down...
FIND THE COMPLEMENT OF EACH NUMBER

1. 19
2. 59
3. 93
4. 44
5. 08

6. 26
7. 83
8. 51
9. 77
10. 12

Copyright © 2014 by Arthur Benjamin and Natalya St. Clair

Lesson 8 — Complements (You're Welcome!) — The Art of Mental Calculation

Mental Stretches A

As fast as you can, find the complement of each number.

1. 18 + _____ = 100
2. 40 + _____ = 100
3. 25 + _____ = 100
4. 57 + _____ = 100
5. 94 + _____ = 100
6. 42 + _____ = 100
7. 65 + _____ = 100
8. 78 + _____ = 100
9. 06 + _____ = 100
10. 82 + _____ = 100
11. 61 + _____ = 100
12. 23 + _____ = 100
13. 74 + _____ = 100
14. 17 + _____ = 100
15. 64 + _____ = 100
16. 86 + _____ = 100
17. 44 + _____ = 100
18. 64 + _____ = 100
19. 02 + _____ = 100
20. 77 + _____ = 100

Copyright © 2014 by Arthur Benjamin and Natalya St. Clair

Lesson 8 — Complements (You're Welcome!) — The Art of Mental Calculation

Mental Stretches B

As fast as you can, find the complement of each number.

1. 58 + _____ = 100
2. 39 + _____ = 100
3. 26 + _____ = 100
4. 72 + _____ = 100
5. 13 + _____ = 100
6. 41 + _____ = 100
7. 60 + _____ = 100
8. 92 + _____ = 100
9. 52 + _____ = 100
10. 85 + _____ = 100
11. 22 + _____ = 100
12. 62 + _____ = 100
13. 06 + _____ = 100
14. 39 + _____ = 100
15. 57 + _____ = 100
16. 17 + _____ = 100
17. 89 + _____ = 100
18. 92 + _____ = 100
19. 78 + _____ = 100
20. 43 + _____ = 100

Copyright © 2014 by Arthur Benjamin and Natalya St. Clair

Three-Digit Numbers Minus Three-Digit Numbers (Heavy)

Lesson 9

Complements can be used to turn heavy subtraction problems into easy addition problems.

Start by subtracting 500 from 725. Then add the complement to 225.

First subtract 300, then add back 41.

without writing it down...
TRY THESE PROBLEMS

1. 936 - 745
2. 763 - 486
3. 204 - 185
4. 219 - 176
5. 978 - 784
6. 455 - 319
7. 873 - 357
8. 1,236 - 571
9. 587 - 298
10. 367 - 143

Lesson 9 — Three-Digit Numbers Minus Three-Digit Numbers (More Examples)

645 - 432

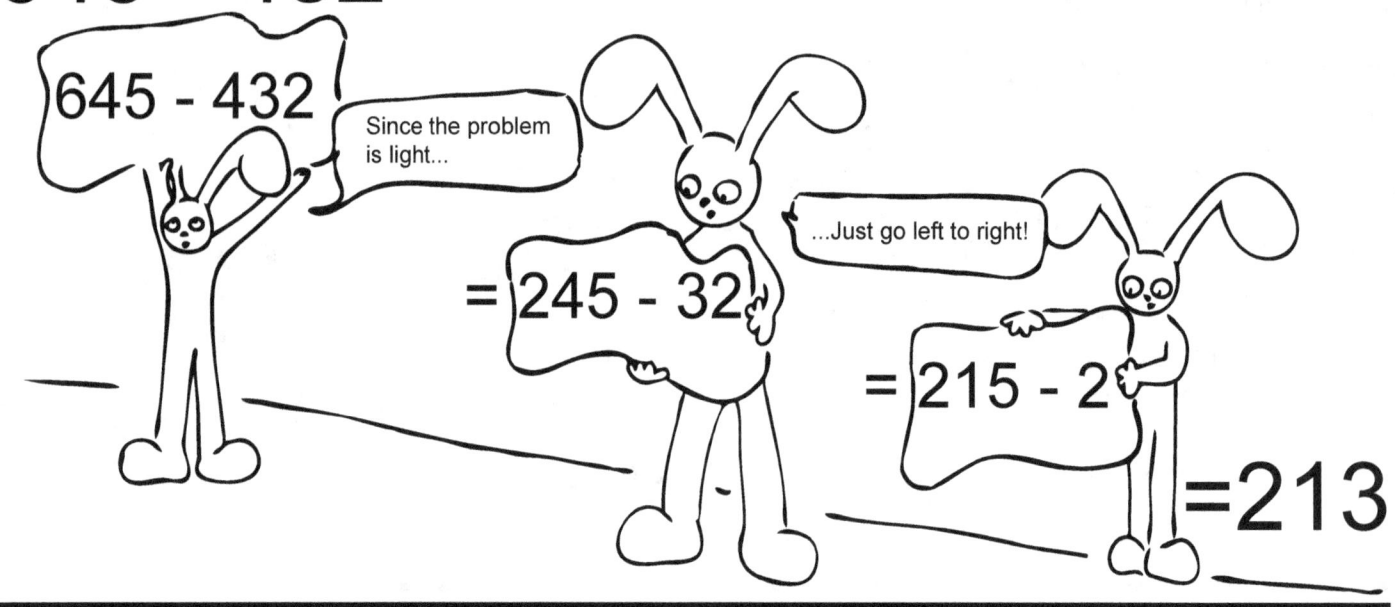

1,246 - 579

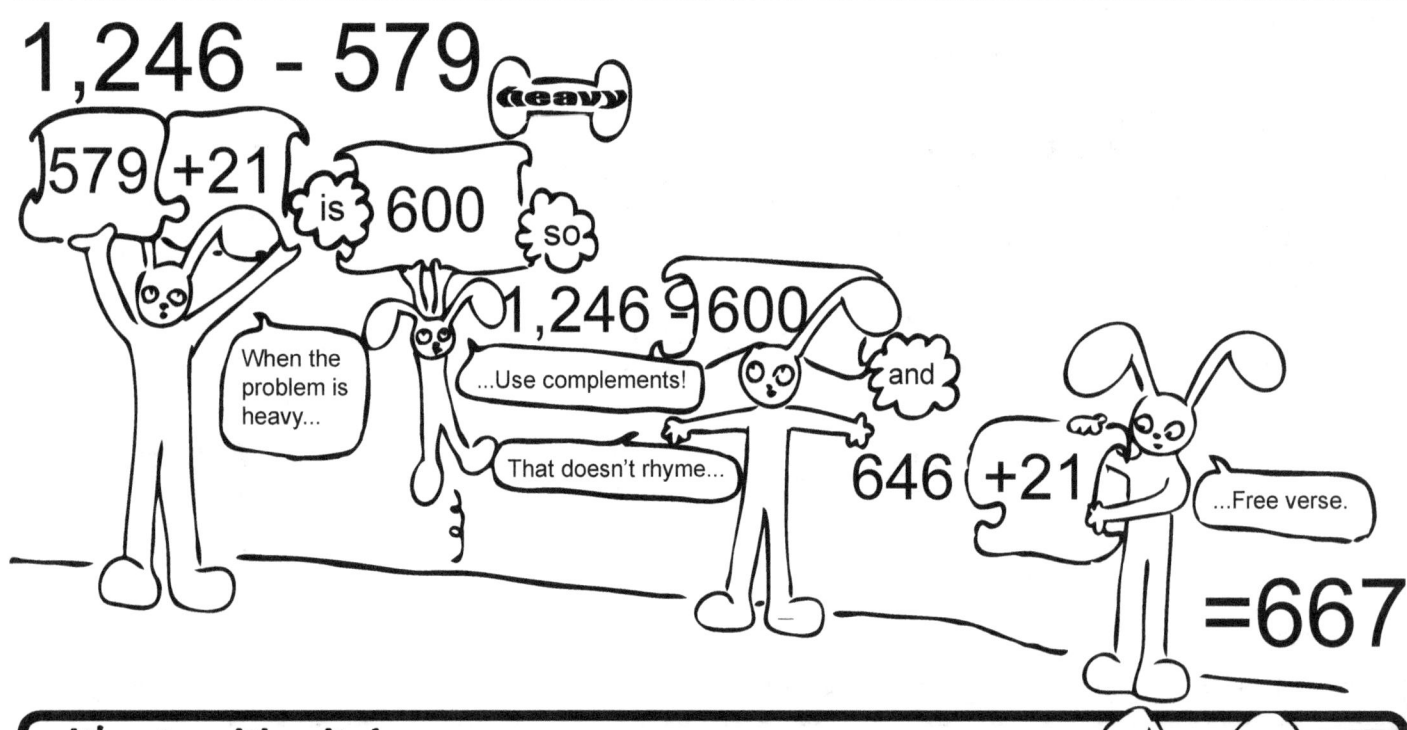

without writing it down...

TRY THESE PROBLEMS

1. 936 - 748
2. 587 - 459
3. 772 - 596
4. 267 - 123
5. 341 - 242

6. 564 - 228
7. 793 - 402
8. 832 - 776
9. 587 - 298
10. 492 - 235

Lesson 9   Three-Digit Numbers Minus Three-Digit Numbers   The Art of Mental Calculation
Mental Stretches A
As fast as you can, write the answer to each problem in the blank provided. Use a pencil only to write in the answer.

1. 526 - 178 = _____
2. 712 - 366 = _____
3. 345 - 280 = _____
4. 125 - 78 = _____
5. 418 - 272 = _____
6. 625 - 412 = _____
7. 746 - 105 = _____
8. 373 - 266 = _____
9. 569 - 190 = _____
10. 976 - 484 = _____
11. 731 - 563 = _____
12. 276 - 124 = _____
13. 862 - 281 = _____
14. 656 - 178 = _____
15. 745 - 65 = _____
16. 882 - 179 = _____
17. 546 - 478 = _____
18. 1,254 - 868 = _____
19. 796 - 607 = _____
20. 557 - 389 = _____

Copyright © 2014 by Arthur Benjamin and Natalya St. Clair

Lesson 9   Three-Digit Numbers Minus Three-Digit Numbers   The Art of Mental Calculation
Mental Stretches B
As fast as you can, write the answer to each problem in the blank provided. Use a pencil only to write in the answer.

1. 435 - 167 = _____
2. 541 - 284 = _____
3. 583 - 392 = _____
4. 683 - 267 = _____
5. 742 - 293 = _____
6. 684 - 232 = _____
7. 374 - 83 = _____
8. 925 - 576 = _____
9. 242 - 63 = _____
10. 602 - 373 = _____
11. 593 - 209 = _____
12. 876 - 287 = _____
13. 418 - 156 = _____
14. 882 - 590 = _____
15. 724 - 378 = _____
16. 297 - 186 = _____
17. 1,418 - 649 = _____
18. 931 - 768 = _____
19. 478 - 282 = _____
20. 1,634 - 985 = _____

Copyright © 2014 by Arthur Benjamin and Natalya St. Clair

Answer Keys
Addition

LESSON 1
Without Writing It Down... **1.** 68 **2.** 97 **3.** 729 **4.** 216 **5.** 347 **6.** 546 **7.** 807 **8.** 1,234 **9.** 2,358 **10.** 4,193

Mental Stretches A **1.** 89 **2.** 48 **3.** 33 **4.** 171 **5.** 617 **6.** 15 **7.** 711 **8.** 1,234 **9.** 452 **10.** 8,876 **11.** 508 **12.** 1,283 **13.** 5,664 **14.** 988 **15.** 1,283 **16.** 4,039 **17.** 8,006 **18.** 3,407 **19.** 2,056 **20.** 6,099

Mental Stretches B **1.** 68 **2.** 44 **3.** 79 **4.** 32 **5.** 297 **6.** 542 **7.** 365 **8.** 7,531 **9.** 438 **10.** 954 **11.** 2,483 **12.** 612 **13.** 394 **14.** 5,531 **15.** 715 **16.** 199 **17.** 388 **18.** 6,001 **19.** 4,903 **20.** 8,034

LESSON 2
Without Writing It Down... **1.** 8 **2.** 9 **3.** 12 **4.** 7 **5.** 12 **6.** 16 **7.** 13 **8.** 9 **9.** 10 **10.** 17

Mental Stretches A **1.** 3 **2.** 7 **3.** 7 **4.** 9 **5.** 6 **6.** 13 **7.** 16 **8.** 11 **9.** 9 **10.** 11 **11.** 12 **12.** 16 **13.** 15 **14.** 11 **15.** 11 **16.** 16 **17.** 5 **18.** 13 **19.** 13 **20.** 14

Mental Stretches B **1.** 5 **2.** 9 **3.** 10 **4.** 8 **5.** 7 **6.** 6 **7.** 8 **8.** 14 **9.** 14 **10.** 8 **11.** 12 **12.** 7 **13.** 13 **14.** 11 **15.** 13 **16.** 13 **17.** 5 **18.** 12 **19.** 13 **20.** 10

LESSON 3
Without Writing It Down... **1.** 90 **2.** 7,000 **3.** 600 **4.** 140 **5.** 100 **6.** 1,100 **7.** 1,400 **8.** 100,000 **9.** 130 **10.** 120,000

Mental Stretches A **1.** 500 **2.** 1,000 **3.** 40 **4.** 700 **5.** 400 **6.** 9 **7.** 150 **8.** 110 **9.** 1,200 **10.** 15 million **11.** 1,700 **12.** 100,000 **13.** 1,600 **14.** 130 **15.** 16 **16.** 14,000 **17.** 110 **18.** 170 **19.** 1,600 **20.** 120

Mental Stretches B **1.** 500 **2.** 60 **3.** 80 **4.** 90 **5.** 11 **6.** 8,000 **7.** 3 **8.** 120 **9.** 11 million **10.** 150 **11.** 100 **12.** 900 **13.** 110,000 **14.** 1,300 **15.** 160 **16.** 140 **17.** 1,500 **18.** 170 **19.** 1,000 **20.** 13 million

LESSON 4
Without Writing It Down...
1. 20 + 14 = 20 + 10 + 4 = 30 + 4 = 34
2. 30 + 23 = 30 + 20 + 3 = 50 + 3 = 53
3. 60 + 31 = 60 + 30 + 1 = 90 + 1 = 91
4. 50 + 49 = 50 + 40 + 9 = 90 + 9 = 99
5. 10 + 18 = 10 + 10 + 8 = 20 + 8 = 28
6. 32 + 80 = 30 + 80 + 2 = 110 + 2 = 112
7. 26 + 50 = 20 + 50 + 6 = 70 + 6 = 76
8. 72 + 30 = 70 + 30 + 2 = 100 + 2 = 102
9. 40 + 73 = 40 + 70 + 3 = 110 + 3 = 113
10. 930 + 500 = 900 + 500 + 30 = 1400 + 30 = 1,430

LESSON 4 (CONTINUED)
Mental Stretches A **1.** 43 **2.** 71 **3.** 59 **4.** 89 **5.** 35 **6.** 107 **7.** 108 **8.** 81 **9.** 78 **10.** 102 **11.** 92 **12.** 86 **13.** 780 **14.** 52 **15.** 153 **16.** 135 **17.** 126 **18.** 2,741 **19.** 1,221 **20.** 1,551

Mental Stretches B **1.** 46 **2.** 71 **3.** 68 **4.** 91 **5.** 97 **6.** 102 **7.** 167 **8.** 128 **9.** 115 **10.** 154 **11.** 132 **12.** 673 **13.** 971 **14.** 121 **15.** 128 **16.** 119 **17.** 168 **18.** 173 **19.** 1,446 **20.** 54,168

LESSON 5
Without Writing It Down... **2.** 3 + 8 = 11 **5.** 5 + 5 = 10 **8.** 8 + 6 = 14 **10.** 9 + 5 = 14

Mental Stretches A 2, 4, 5, 8, 13, 14, 15, 17, 18, 19

Mental Stretches B 6, 7, 8, 9, 11, 12, 13, 15, 16, 20

LESSON 6
Without Writing It Down...
1. (no carries) 72 + 5 is 70-something, and 2 + 5 = 7, so 77.
2. (no carries) 21 + 8 is 20-something, and 1 + 8 = 9, so 29.
3. (carry!) 46 + 4 is 50-something, and 6 + 4 = 10, so 50.
4. (no carries) 52 + 7 is 50-something, and 2 + 7 = 9, so 59.
5. (carry!) 67 + 6 is 70-something, and 7 + 6 is 13, so 73.
6. (carry!) 88 + 6 is 90-something, and 8 + 6 = 14, so 94.
7. (no carries) 24 + 5 is 20-something, and 4 + 5 = 9, so 29.
8. (carry!) 45 + 9 is 50-something, and 5 + 9 = 14, so 54.
9. (carry!) 8 + 63 is 70-something, and 8 + 3 = 11, so 71.
10. (carry!) 77 + 9 is 80-something, and 7 + 9 = 16, so 86.

Mental Stretches A **1.** 59 **2.** 93 **3.** 32 **4.** 83 **5.** 86 **6.** 54 **7.** 41 **8.** 81 **9.** 36 **10.** 50 **11.** 63 **12.** 75 **13.** 101 **14.** 76 **15.** 55 **16.** 95 **17.** 42 **18.** 83 **19.** 106 **20.** 94

Mental Stretches B **1.** 69 **2.** 80 **3.** 98 **4.** 31 **5.** 52 **6.** 46 **7.** 91 **8.** 27 **9.** 57 **10.** 73 **11.** 87 **12.** 64 **13.** 46 **14.** 93 **15.** 75 **16.** 46 **17.** 53 **18.** 97 **19.** 102 **20.** 57

Lessons 7-10 (Additon) Answer Keys

Addition

LESSON 7

Without Writing It Down...
1. (no carries) 1,200 + 400 is 1,000-something, and 200 + 400 = 600, so 1,600.
2. (no carries) 230 + 60 is 230-something, and 30 + 60 = 90, so 290.
3. (no carries) 4,600 + 200 is 4,600-something, and 600 + 200 = 800, so 4,800.
4. (no carries) 820 + 70 is 800-something, and 70 + 20 = 90, so 890.
5. (carry!) 6800 + 800 is 7,000-something, and 800 + 800 = 1,600, so 7,600.
6. (no carries) 34,000 + 4,000 is 30,000-something, and 4,000 + 4,000 is 8,000, so 38,000.
7. 900 + 90 is an instant problem! 990.
8. (carry!) 870 + 50 is 900-something, and 70 + 50 = 120, so 920.
9. (carry!) 600 + 4,500 is 5,000-something, and 6,000 + 5,000 is 1,100, so 5,100.
10. (carry!) 93,000 + 7,000 is 100,000-something, and 7,000 + 3,000 = 10,000, so 100,000.

Mental Stretches A **1.** 290 **2.** 7,600 **3.** 300 **4.** 98,000 **5.** 75 **6.** 470 **7.** 9,100 **8.** 510 **9.** 36,000 **10.** 950 **11.** 800 **12.** 4,100 **13.** 95 **14.** 710 **15.** 5,000 **16.** 44 million **17.** 25,000 **18.** 850 **19.** 1,040 **20.** 10,300

Mental Stretches B **1.** 440 **2.** 7,800 **3.** 390 **4.** 60,000 **5.** 680 **6.** 9,000 **7.** 210 **8.** 4,500 **9.** 900 **10.** 37,000 **11.** 400 **12.** 350 **13.** 4,300 **14.** 91 million **15.** 1,000 **16.** 67,000 **17.** 360 **18.** 7,200 **19.** 10,600 **20.** 37 million

LESSON 8

Without Writing It Down...
1. 452 + 5 = 400 + (52 + 5) = 457
2. 157 + 2 = 100 + (57 + 2) = 159
3. 1,282 + 8 = 1,200 + (82 + 8) = 1,290
4. 873 + 9 = 800 + (73 + 9) = 882
5. 5,721 + 9 = 5,700 + (21 + 9) = 5,730
6. 728 + 8 = 700 + (28 + 8) = 736
7. 677 + 5 = 600 + (77 + 5) = 682
8. 4,509 + 6 = 4,500 + (09 + 6) = 4,515
9. 10,864 + 3 = 10,800 + (64 + 3) = 10,867
10. 592 + 8 = 500 + (92 + 8) = 600

Mental Stretches A **1.** 555 **2.** 679 **3.** 1,574 **4.** 214 **5.** 590 **6.** 482 **7.** 435 **8.** 329 **9.** 455 **10.** 942 **11.** 921 **12.** 133 **13.** 1,239 **14.** 349 **15.** 7,265 **16.** 1,546 **17.** 550 **18.** 202 **19.** 982 **20.** 4,604

LESSON 8 (CONTINUED)

Mental Stretches B **1.** 978 **2.** 466 **3.** 380 **4.** 142 **5.** 419 **6.** 831 **7.** 559 **8.** 1,365 **9.** 427 **10.** 321 **11.** 683 **12.** 3,550 **13.** 3,892 **14.** 883 **15.** 945 **16.** 5,920 **17.** 883 **18.** 18,356 **19.** 9,714 **20.** 10,005

LESSON 9

Without Writing It Down...
1. 23 + 16 = 23 + 10 + 6 = 33 + 6 = 39
2. 64 + 43 = 64 + 40 + 3 = 104 + 3 = 107
3. 95 + 32 = 95 + 30 + 2 = 125 + 2 = 127
4. 34 + 26 = 34 + 20 + 6 = 54 + 6 = 60
5. 89 + 78 = 89 + 70 + 8 = 159 + 8 = 167
6. 73 + 58 = 73 + 50 + 8 = 123 + 8 = 131
7. 47 + 36 = 47 + 30 + 6 = 77 + 6 = 83
8. 19 + 17 = 19 + 10 + 7 = 29 + 7 = 36
9. 55 + 49 = 55 + 40 + 9 = 95 + 9 = 104
10. 39 + 38 = 39 + 30 + 8 = 69 + 8 = 77

Mental Stretches A **1.** 48 **2.** 98 **3.** 89 **4.** 29 **5.** 99 **6.** 101 **7.** 89 **8.** 61 **9.** 70 **10.** 60 **11.** 44 **12.** 71 **13.** 93 **14.** 62 **15.** 114 **16.** 112 **17.** 122 **18.** 151 **19.** 143 **20.** 164

Mental Stretches B **1.** 98 **2.** 64 **3.** 55 **4.** 87 **5.** 66 **6.** 96 **7.** 100 **8.** 68 **9.** 86 **10.** 55 **11.** 93 **12.** 86 **13.** 83 **14.** 81 **15.** 108 **16.** 143 **17.** 124 **18.** 113 **19.** 123 **20.** 194

LESSON 10

Without Writing It Down...
1. 242 + 137 = 242 + 100 + 30 + 7 = 342 + 30 + 7 = 372 + 7 = 379
2. 312 + 256 = 312 + 200 + 50 + 6 = 512 + 50 + 6 = 562 + 6 = 568
3. 635 + 814 = 635 + 800 + 10 + 4 = 1,435 + 10 + 4 = 1,445 + 4 = 1,449
4. 457 + 241 = 457 + 200 + 40 + 1 = 657 + 40 + 1 = 697 + 1 = 698
5. 912 + 475 = 912 + 400 + 70 + 5 = 1,312 + 70 + 5 = 1,382 + 5 = 1,387
6. 852 + 378 = 852 + 300 + 70 + 8 = 1,152 + 70 + 8 = 1,222 + 8 = 1,230
7. 457 + 269 = 457 + 200 + 60 + 9 = 667 + 60 + 9 = 717 + 9 = 726
8. 878 + 797 = 878 + 700 + 90 + 7 = 1,578 + 90 + 7 = 1,668 + 7 = 1,675
9. 276 + 689 = 276 + 600 + 80 + 9 = 876 + 80 + 9 = = 956 + 9 = 965
10. 877 + 539 = 877 + 500 + 30 + 9 = 1,377 + 30 + 9 = 1,407 + 9 = 1,416

The Art of Mental Calculation

Answer Keys

Addition

LESSON 10 (CONTINUED)

Mental Stretches A   **1.** 487 **2.** 878 **3.** 999 **4.** 391
5. 784 **6.** 951 **7.** 939 **8.** 621 **9.** 1,030 **10.** 950 **11.** 1,168
12. 1,175 **13.** 1,464 **14.** 1,132 **15.** 1,124 **16.** 1,612
17. 1,355 **18.** 1,351 **19.** 1,233 **20.** 1,774

Mental Stretches B   **1.** 957 **2.** 694 **3.** 481 **4.** 925
5. 956 **6.** 1,106 **7.** 992 **8.** 1,000 **9.** 901 **10.** 553
11. 1,032 **12.** 1,011 **13.** 1,123 **14.** 800 **15.** 1,018
16. 1,452 **17.** 863 **18.** 1,243 **19.** 1,203 **20.** 1,455

LESSON 11

Without Writing It Down...
1. 35 + 49 = 35 + 50 − 1 = 85 − 1 = 84
2. 57 + 78 = 57 + 80 − 2 = 137 − 2 = 135
3. 495 + 215 = 500 + 215 − 5 = 715 − 5 = 710
4. 579 + 898 = 579 + 900 − 2 = 1,479 − 2 = 1,477
5. 663 + 297 = 663 + 300 − 3 = 963 − 3 = 960
6. 878 + 792 = 878 + 800 − 8 = 1,678 − 8 = 1,670
7. 485 + 58 = 485 + 60 − 2 = 545 − 2 = 543
8. 92 + 459 = 459 + 100 − 8 = 559 − 8 = 551
9. 393 + 614 = 614 + 400 − 7 = 1,014 − 7 = 1,007
10. 492 + 598 = 492 + 600 − 2 = 1,092 − 2 = 1,090

Mental Stretches A   **1.** 86 **2.** 71 **3.** 392 **4.** 622 **5.** 764
6. 1,218 **7.** 1,151 **8.** 634 **9.** 814 **10.** 441 **11.** 1,187
12. 758 **13.** 1,464 **14.** 772 **15.** 743 **16.** 954 **17.** 1,355
18. 1,559 **19.** 837 **20.** 1,378

Mental Stretches B   **1.** 81 **2.** 70 **3.** 190 **4.** 866 **5.** 872
6. 1,146 **7.** 1,262 **8.** 1,420 **9.** 1,230 **10.** 892 **11.** 1,083
12. 693 **13.** 1,859 **14.** 1,263 **15.** 1,558 **16.** 382
17. 1,623 **18.** 1,027 **19.** 518 **20.** 988

Subtraction

LESSON 1

Without Writing It Down...   3, 4, 7, 8, 10

Mental Stretches A   4, 5, 6, 8, 9, 10, 13, 14, 16, 17, 19, 20

Mental Stretches B   2, 4, 6, 7, 9, 10, 12, 13, 18, 19, 20

LESSON 2

Without Writing It Down...
1. 23 − 3 = 20
2. 38 − 4 = 34
3. 59 − 7 = 52
4. 96 − 4 = 92
5. 77 − 2 = 75
6. 34 − 23 = 34 − 20 − 3 = 14 − 3 = 11
7. 68 − 35 = 68 − 30 − 5 = 38 − 5 = 33
8. 89 − 48 = 89 − 40 − 8 = 49 − 8 = 41
9. 57 − 27 = 57 − 20 − 7 = 37 − 7 = 30
10. 76 − 52 = 76 − 50 − 2 = 26 − 2 = 24

Mental Stretches A   **1.** 92 **2.** 81 **3.** 52 **4.** 34 **5.** 75
6. 61 **7.** 42 **8.** 81 **9.** 11 **10.** 43 **11.** 11 **12.** 13 **13.** 31
14. 13 **15.** 14 **16.** 40 **17.** 24 **18.** 22 **19.** 30 **20.** 2

Mental Stretches B   **1.** 65 **2.** 91 **3.** 42 **4.** 33 **5.** 43
6. 82 **7.** 22 **8.** 10 **9.** 61 **10.** 31 **11.** 75 **12.** 12 **13.** 26
14. 20 **15.** 44 **16.** 14 **17.** 24 **18.** 25 **19.** 31 **20.** 5

LESSON 3

Without Writing It Down...
1. 936 − 725 = 936 − 700 − 20 − 5 = 236 − 20 − 5
= 216 − 5 = 211
2. 793 − 402 = 793 − 400 − 2 = 393 − 2 = 391
3. 465 − 122 = 465 − 100 − 20 − 2 = 365 − 20 − 2
= 345 − 2 = 343
4. 633 − 210 = 633 − 200 − 10 = 433 − 10 = 423
5. 586 − 236 = 586 − 200 − 30 − 6 = 386 − 30 − 6
= 356 − 6 = 350
6. 883 − 271 = 883 − 200 − 70 − 1 = 612
7. 601 − 501 = 601 − 500 − 1 = 101 − 1 = 100
8. 452 − 221 = 452 − 200 − 20 − 1 = 252 − 20 − 1
= 232 − 1 = 231
9. 999 − 888 = 999 − 800 − 80 − 8
= 999 − 800 − 80 − 8 = 199 − 80 − 8
= 119 − 8 = 111
10. 526 − 314 = 526 − 300 − 10 − 4 = 226 − 10 − 4
= 216 − 4 = 212

Mental Stretches A   **1.** 312 **2.** 132 **3.** 824 **4.** 123
5. 222 **6.** 417 **7.** 172 **8.** 316 **9.** 435 **10.** 501 **11.** 561
12. 12 **13.** 241 **14.** 244 **15.** 710 **16.** 200 **17.** 22 **18.** 122
19. 120 **20.** 10

Mental Stretches B   **1.** 532 **2.** 251 **3.** 126 **4.** 111
5. 403 **6.** 742 **7.** 214 **8.** 421 **9.** 524 **10.** 522 **11.** 762
12. 301 **13.** 170 **14.** 200 **15.** 372 **16.** 40 **17.** 314
18. 611 **19.** 110 **20.** 300

Lessons 4-6 (Subtraction) — Answer Keys

Subtraction

LESSON 4

Without Writing It Down...
1. 15 − 8 is 7
   OR 15 − 8 = 15 − 10 + 2 = 5 + 2 = 7
2. 45 − 9 is 30-something, and 15 − 9 = 6, so 36
   OR 45 − 9 = 45 − 10 + 1 = 35 + 1 = 36
3. 72 − 5 is 60-something, and 12 − 5 = 7, so 67
   OR 72 − 5 = 72 − 10 + 5 = 62 + 5 = 67
4. 21 − 6 is 10-something, and 11 − 6 = 5, so 15
   OR 21 − 5 = 21 − 10 + 4 = 11 + 4 = 15
5. 50 − 7 is 40-something, and 10 − 7 = 3, so 43
   OR 50 − 7 = 50 − 10 + 3 = 40 + 3 = 43
6. 64 − 8 is 50-something, and 14 − 8 = 6, so 56
   OR 64 − 5 = 64 − 10 + 2 = 54 + 2 = 56
7. 82 − 4 is 70-something, and 18 − 4 = 8, so 78
   OR 82 − 4 = 82 − 10 + 6 = 72 + 6 = 78
8. 44 − 6 is 30-something, and 14 − 6 = 8, so 38
   OR 44 − 6 = 44 − 10 + 4 = 34 + 4 = 38
9. 31 − 7 is 20-something, and 11 − 7 = 4, so 24
   OR 31 − 7 = 31 − 10 + 3 = 21 + 3 = 24
10. 53 − 8 is 40-something, and 13 − 8 = 5, so 45
    OR 53 − 8 = 53 − 10 + 2 = 43 + 2 = 45

Mental Stretches A **1.** 7 **2.** 14 **3.** 69 **4.** 39 **5.** 46 **6.** 9 **7.** 53 **8.** 85 **9.** 78 **10.** 3 **11.** 49 **12.** 18 **13.** 74 **14.** 87 **15.** 36 **16.** 58 **17.** 64 **18.** 43 **19.** 68 **20.** 56

Mental Stretches B **1.** 39 **2.** 9 **3.** 18 **4.** 6 **5.** 66 **6.** 84 **7.** 47 **8.** 68 **9.** 45 **10.** 69 **11.** 66 **12.** 57 **13.** 25 **14.** 31 **15.** 87 **16.** 43 **17.** 65 **18.** 56 **19.** 44 **20.** 27

LESSON 5

Without Writing It Down...
1. (light) 9,400 − 200 = 9,200
2. (light) 780 − 10 = 770
3. (light) 49,000 − 7,000 = 42,000
4. (light) 1,800 − 300 = 1,500
5. (heavy) 670 − 80 = 590
6. (heavy) 900 − 90 = 810
7. (heavy) 21,000 − 3,000 = 18,000
8. (heavy) 6,400 − 800 = 5,600
9. (light) 250 − 30 = 220
10. (heavy) 450 − 7 = 380

Mental Stretches A **1.** 240 **2.** 5,200 **3.** 530 **4.** 83,000 **5.** 7,900 **6.** 590 **7.** 3,700 **8.** 700 **9.** 1,800 **10.** 480 **11.** 91,000 **12.** 480 **13.** 6,800 **14.** 770 **15.** 2,700 **16.** 58 million **17.** 50 **18.** 800 **19.** 840 **20.** 500

LESSON 5 (CONTINUED)

Mental Stretches B **1.** 54 **2.** 610 **3.** 1,900 **4.** 810 **5.** 730 **6.** 38,000 **7.** 900 **8.** 3,800 **9.** 32 **10.** 860 **11.** 380 **12.** 23 million **13.** 84 **14.** 300 **15.** 4,500 **16.** 580 **17.** 790 **18.** 50 **19.** 7,000 **20.** 140

LESSON 6

Without Writing It Down...
1. 84 − 59 = 84 − 50 − 9 = 34 − 9 = 25
   OR 84 − 59 = 84 − 60 + 1 = 24 + 1 = 25
2. 92 − 34 = 92 − 30 − 4 = 62 − 4 = 58
   OR 92 − 34 = 92 − 40 + 6 = 52 + 6 = 58
3. 67 − 48 = 67 − 40 − 8 = 27 − 8 = 19
   OR 67 − 48 = 67 − 50 + 2 = 17 + 2 = 19
4. 63 − 16 = 63 − 10 − 6 = 53 − 6 = 47
   OR 63 − 16 = 63 − 20 + 4 = 43 + 4 = 47
5. 51 − 27 = 51 − 20 − 7 = 31 − 7 = 24
   OR 51 − 27 = 51 − 30 + 3 = 21 + 3 = 24
6. 75 − 67 = 75 − 60 − 7 = 15 − 7 = 8
   OR 75 − 67 = 75 − 70 + 3 = 5 + 3 = 8
7. 44 − 28 = 44 − 20 − 8 = 24 − 8 = 16
   OR 44 − 28 = 44 − 30 + 2 = 14 + 2 = 16
8. 32 − 13 = 32 − 10 − 3 = 22 − 3 = 19
   OR 32 − 13 = 32 − 20 + 7 = 12 + 7 = 19
9. 125 − 79 = 125 − 70 − 9 = 55 − 9 = 46
   OR 125 − 79 = 125 − 80 + 1 = 45 + 1 = 46
10. 148 − 86 = 148 − 80 + 6 = 68 − 6 = 62
    OR 148 − 86 = 148 − 90 + 4 = 58 + 4 = 62

Mental Stretches A **1.** 55 **2.** 8 **3.** 29 **4.** 15 **5.** 22 **6.** 5 **7.** 12 **8.** 17 **9.** 9 **10.** 46 **11.** 8 **12.** 28 **13.** 35 **14.** 16 **15.** 5 **16.** 8 **17.** 39 **18.** 6 **19.** 18 **20.** 14

Mental Stretches B **1.** 43 **2.** 18 **3.** 9 **4.** 17 **5.** 49 **6.** 4 **7.** 54 **8.** 46 **9.** 53 **10.** 23 **11.** 26 **12.** 29 **13.** 28 **14.** 23 **15.** 36 **16.** 49 **17.** 47 **18.** 11 **19.** 13 **20.** 3

The Art of Mental Calculation

Answer Keys
Subtraction

LESSON 7

Without Writing It Down...
1. 468 − 199 = 468 − 200 + 1 = 268 + 1 = 269
2. 673 − 395 = 673 − 400 + 5 = 273 + 5 = 278
3. 812 − 492 = 812 − 500 + 8 = 312 + 8 = 320
4. 446 − 295 = 446 − 300 + 5 = 146 + 5 = 151
5. 778 − 394 = 778 − 400 + 6 = 378 + 6 = 384
6. 567 − 197 = 567 − 200 + 3 = 367 + 3 = 370
7. 128 − 93 = 128 − 100 + 7 = 28 + 7 = 35
8. 505 − 295 = 505 − 300 + 5 = 205 + 5 = 210
9. 986 − 691 = 986 − 700 + 9 = 286 + 9 = 295
10. 497 − 293 = 497 − 300 + 7 = 197 + 7 = 204

Mental Stretches A **1.** 266 **2.** 278 **3.** 540 **4.** 31 **5.** 498 **6.** 64 **7.** 646 **8.** 182 **9.** 379 **10.** 87 **11.** 278 **12.** 532 **13.** 160 **14.** 586 **15.** 50 **16.** 250 **17.** 182 **18.** 594 **19.** 190 **20.** 538

Mental Stretches B **1.** 477 **2.** 253 **3.** 461 **4.** 161 **5.** 449 **6.** 215 **7.** 41 **8.** 228 **9.** 94 **10.** 437 **11.** 344 **12.** 388 **13.** 373 **14.** 199 **15.** 345 **16.** 390 **17.** 298 **18.** 730 **19.** 192 **20.** 249

LESSON 8

Without Writing It Down... **1.** 81 **2.** 41 **3.** 07 **4.** 56 **5.** 92 **6.** 74 **7.** 17 **8.** 49 **9.** 23 **10.** 88

Mental Stretches A **1.** 82 **2.** 60 **3.** 75 **4.** 43 **5.** 06 **6.** 58 **7.** 35 **8.** 22 **9.** 94 **10.** 18 **11.** 39 **12.** 77 **13.** 26 **14.** 83 **15.** 36 **16.** 14 **17.** 56 **18.** 36 **19.** 98 **20.** 23

Mental Stretches B **1.** 42 **2.** 61 **3.** 74 **4.** 28 **5.** 87 **6.** 59 **7.** 40 **8.** 08 **9.** 48 **10.** 15 **11.** 78 **12.** 38 **13.** 94 **14.** 61 **15.** 43 **16.** 83 **17.** 11 **18.** 08 **19.** 22 **20.** 57

LESSON 9

Without Writing It Down...
1. 926 − 745 = 926 − 800 + 55 = 126 + 55 = 191
2. 763 − 486 = 763 − 500 + 14 = 263 + 14 = 277
3. 204 − 185 = 204 − 200 + 15 = 04 + 15 = 19
4. 219 − 176 = 219 − 200 + 24 = 19 + 24 = 43
5. 978 − 784 = 978 − 800 + 16 = 178 + 16 = 194
6. 455 − 319 = 455 − 400 + 81 = 55 + 81 = 136
7. 873 − 357 = 873 − 400 + 43 = 473 + 43 = 516
8. 1,236 − 571 = 1,236 − 600 + 29 = 636 + 29 = 665
9. 587 − 298 = 587 − 300 + 2 = 287 + 2 = 289
10. 367 − 143 = 367 − 200 + 57 = 167 + 57 = 224

Without Writing It Down...(More Examples)
1. (heavy) 936 − 748 = 936 − 800 + 52 = 136 + 52 = 188
2. (heavy) 587 − 459 = 587 − 500 + 41 = 87 + 41 = 128
3. (heavy?) 772 − 596 = 772 − 600 + 4 = 172 + 4 = 176
4. (light) 267 − 123 = 167 − 20 − 3 = 147 − 3 = 144
5. (heavy) 341 − 242 = 341 − 300 + 58 = 41 + 58 = 99
6. (heavy) 564 − 228 = 564 − 300 + 72 = 264 + 72 = 336
7. (light) 793 − 402 = 793 − 400 − 2 = 393 − 2 = 391
8. (heavy) 832 − 776 = 832 − 800 + 24 = 32 + 24 = 56
9. (heavy?) 587 − 298 = 587 − 300 + 2 = 287 + 2 = 289
10. (heavy) 492 − 235 = 492 − 300 + 65 = 192 + 65 = 257

Mental Stretches A **1.** 348 **2.** 346 **3.** 65 **4.** 47 **5.** 146 **6.** 213 **7.** 641 **8.** 107 **9.** 379 **10.** 492 **11.** 168 **12.** 152 **13.** 581 **14.** 478 **15.** 680 **16.** 703 **17.** 68 **18.** 386 **19.** 189 **20.** 168

Mental Stretches B **1.** 268 **2.** 257 **3.** 191 **4.** 416 **5.** 449 **6.** 452 **7.** 291 **8.** 349 **9.** 179 **10.** 229 **11.** 384 **12.** 589 **13.** 262 **14.** 292 **15.** 346 **16.** 111 **17.** 769 **18.** 163 **19.** 196 **20.** 649

CONGRATULATIONS!

has completed The Art of Mental Calculation: Addition & Subtraction and is officially a

Mental Mathemagician!

Dedication

I dedicate this book to my family: Deena, Laurel, and Ariel Benjamin—Arthur Benjamin

My dedication is to my students, who continue to inspire me.—Natalya St. Clair

Acknowledgements

We are deeply grateful to the Mellon Foundation, for supporting this project and making an impact for furthering math education. We would like to acknowledge Zachary Donnini, Priya V. Prasad, Alex Shilts, and Sarah Windelborn for feedback on the draft of this book.

Finally, thank you to all of our colleagues and students at the Claremont Colleges and Countryside School.

About the Authors

Arthur Benjamin is a professor of mathematics at Harvey Mudd College in Claremont, California and is past Editor of *Math Horizons* magazine. He has received numerous awards for his teaching and writing, and has written several books including *Secrets of Mental Math* where he reveals his secrets for doing lightning fast mental arithmetic. He has also created four video courses for The Great Courses.

Dr. Benjamin has appeared on many television and radio programs, including The Today Show, CNN, The Colbert Report, and National Public Radio. He has been profiled in The New York Times, USA Today, Scientific American, Discover, Omni, Esquire, Wired, and People Magazine. Reader's Digest calls him "America's Best Math Whiz."

Natalya St. Clair double majored in studio art and mathematics at Scripps College. She combined her passions for both subjects to illustrate *The Art of Mental Calculation*, which is her first book in publication. She has taught middle school math for seven years and has been an award-winning MATHCOUNTS coach in Illinois. She recently gave a talk, "What I Learned from Art About Teaching Mathematics" and often uses art, design thinking, and mathematics for teaching math. In 2005-2006, St. Clair served on the *Math Horizons* student advisory board, and she has also been a contributing member of numerous outreach programs, including the Machine Project, Illinois Geometry Laboratory, MATHCOUNTS, and the Independent Schools Association of the Central States.

Author photographs: Harvey Mudd College [Benjamin]; ©Larry Kanfer Photography [St. Clair]

www.ingramcontent.com/pod-product-compliance
Lightning Source LLC
Chambersburg PA
CBHW081901170526
45167CB00007B/3100